普通高等教育"十三五"应用型人才培养规划教材

土木工程概论

戴晶晶　贾晓东　主编

U0205734

西南交通大学出版社
·成　都·

内容简介

本书共 10 章，内容包括绪论、土木行业工程师与大学工程教育、土木工程材料、地基与基础、建筑工程、道路工程、桥梁工程、地下与隧道工程、给排水工程和市政工程。

本书是面向应用型本科生编写的，具有易读易懂、知识点全面等特点，可作为普通高等院校土建类相关专业课程教材或者自学参考类书籍使用，也可以作为相关专业技术人员入门的参考教材。

图书在版编目（CIP）数据

土木工程概论／戴晶晶，贾晓东主编. —成都：
西南交通大学出版社，2016.8（2020.8 重印）
普通高等教育"十三五"应用型人才培养规划教材
ISBN 978-7-5643-4793-2

Ⅰ. ①土… Ⅱ. ①戴… ②贾… Ⅲ. ①土木工程 – 高等学校 – 教材 Ⅳ. ①TU

中国版本图书馆 CIP 数据核字（2016）第 157388 号

普通高等教育"十三五"应用型人才培养规划教材
土木工程概论

戴晶晶　　贾晓东　**主编**

责 任 编 辑	姜锡伟	
封 面 设 计	墨创文化	
出 版 发 行	西南交通大学出版社 （四川省成都市金牛区二环路北一段 111 号 西南交通大学创新大厦 21 楼）	
发 行 部 电 话	028-87600564　　028-87600533	
邮 政 编 码	610031	
网 址	http://www.xnjdcbs.com	
印 刷	成都中永印务有限责任公司	
成 品 尺 寸	185 mm × 260 mm	
印 张	14	
字 数	350 千	
版 次	2016 年 8 月第 1 版	
印 次	2020 年 8 月第 2 次	
书 号	ISBN 978-7-5643-4793-2	
定 价	32.00 元	

前　言

土木工程是建造各类工程设施的科学技术的统称。1998 年，教育部颁布了新的本科土木工程专业目录。新目录的颁布使我国普通高等学校的土木工程专业正式规范于"大土木"的框架。现今的"大土木"范畴已不是以前土木工程相关专业的简单归并与重复，而是更高意义上的整合与扩展，是我国高等教育教学改革成果的再一次体现，是当今科技进步所要求的土木工程专业的创新性发展。

1999 年年初，全国高等学校土木工程专业指导委员会在指导性教学课程设置及教材建设规划中，已经将"土木工程概论"课列为必修课程。

本书是重庆工程学院管理学院工程造价专业"土木工程概论"课程建设的最新成果之一。本书是为满足 21 世纪高等学校应用型人才培养的宗旨，面向 21 世纪土木工程应用型本科人才培养而编写的。"土木工程概论"课程旨在使土木工程相关专业的低年级学生了解土木工程的基本内容、历史现状和发展情况，了解土木工程的基本理论知识，提高学生对土木工程专业的兴趣，作为以后学习的良好铺垫。本书注重引导学生认识和了解土木工程专业，激发学生热爱土木工程及相关专业，培养学生自主学习的能力。

本书由重庆工程学院管理学院工程造价专业专任教师戴晶晶、贾晓东主编。全书内容共有 10 章。其中，第 1 章、第 3 章、第 6 章由重庆工程学院戴晶晶编写；第 5 章、第 7 章、第 8 章由重庆工程学院贾晓东编写；第 2 章由重庆工程学院安雪玮编写；第 4 章由重庆工程学院卢俊波编写；第 9 章由重庆工程学院焦敏编写；第 10 章由重庆工程学院邱菡编写。全书由何寿奎主审。

本书在编写过程中参考了某些同类教材，在此一并向这些书的作者致谢。由于编者水平有限，书中不妥之处敬请读者批评指正。

编　者

2016 年 4 月

目　录

第1章 绪 论

1.1 土木工程的性质和特点

1.1.1 什么是土木工程

土木工程是建造各类工程设施的科学技术的统称。它不但包括所应用的材料、设备和所进行的勘测、设计、施工、保养维修等技术活动，还包括工程建设的对象，即建造在地上或地下、陆上或水中，以及直接或间接为人类生活、生产、军事和科学服务的各种工程设施，例如房屋、道路、铁路、运输管道、隧道、桥梁、运河、堤坝、港口、给水排水及防护工程等。

土木工程的英语名称为 Civil Engineering，意为"民用工程"。它的原意是与"军事工程"（Military Engineering）相对应的。在英语中，历史上，土木工程、机械工程、电气工程、化工工程都属于 Civil Engineering，因为它们都具有民用性。后来，随着工程技术的发展，机械、电气、化工逐渐形成独立的学科，Civil Engineering 就成为土木工程的专用名词。

土木工程是人类赖以生存的基础产业，它伴随人类文明的进步而产生和发展。该学科体系产生于 18 世纪的英、法等国，现在已发展成为现代科学技术的一个独立分支。中国土木工程教育开始于 19 世纪（1895 年），在中华人民共和国成立后取得了巨大的进展。历史的原因，使在相当长的时间内，中国高等教育学科专业设置过于狭窄。土建类专业在过去被划分为桥梁与隧道工程、铁道工程、公路与城市道路工程、水利水电建筑工程、港口与海湾建筑工程、工业与民用建筑工程、环境工程、矿山建筑工程等十多个方向很窄的专业。1998 年，教育部颁布了新的《普通高等学校本科专业目录》，使中国高等教育的专业设置更有利于人才的培养和社会发展的需要。

1.1.2 土木工程的特点

土木工程为国民经济的发展和人民生活的改善提供了重要的物质技术基础，在国民经济中占有举足轻重的地位。土木工程的发展水平能够充分体现国民经济的综合实力，反映一个国家的现代化水平，而人们的生活也离不开土木工程。为改善人们的居住条件，国家每年在建造住宅方面的投资是十分巨大的。1995 年，城镇人均居住面积为 7.6 m^2，到 1997 年，城镇人均居住面积已达 8.8 m^2。根据住房和城乡建设部的规划目标，到 2020 年，城镇人均居住面积将达到 35 m²，城镇最低收入家庭人均住房面积将大于 20 m²。同时，铁路、公路、水运、航空等的发展也都离不开土木工程。

土木工程有下列五个基本性质。

1. 综合性

建造一项工程设施一般要经过勘察、设计和施工三个阶段，需要综合运用工程地质勘察、水文地质勘察、工程测量、土力学、工程力学、工程结构设计、建筑材料、建筑设备、工程机械、建筑经济、施工技术、施工组织等学科知识。因而土木工程是一门范围广泛的综合性学科。

2. 社会性

土木工程是伴随着人类社会的进步发展起来的，它所建造的工程设施反映出各个历史时期社会、经济、文化、科学、技术发展的面貌和水平。因而土木工程也就成为社会历史发展的见证之一。

3. 实践性

土木工程是一门具有很强实践性的学科。影响土木工程的因素众多且错综复杂，使得土木工程对实践的依赖性很强。另外，只有进行新的工程实践，才能发现新的问题。例如，建造高层建筑、大跨桥梁等时，工程的抗风和抗震问题就突出，因而发展出这方面的新理论、新技术。

4. 生产周期长

土木工程（产品）实体庞大、个体性强、消耗社会劳动量大、影响因素多（因为工程一般在露天下进行，受到各种气候条件的制约，如冬季、雨季、台风、高温等），由此带来了其生产周期长的特点。

5. 系统性

人们力求最经济地建造一项工程设施，用于满足使用者的预期要求，同时还要考虑工程技术要求、艺术审美要求、环境保护及其生态平衡要求。任何一项土木工程都要系统地考虑这几方面的问题，土木工程项目决策的优良与否完全取决于对这几项因素的综合平衡和有机结合的程度。因此，土木工程必然是每个历史时期技术、经济、艺术统一的见证。土木工程受这些因素制约的性质充分地体现了其系统性。

1.2 土木工程发展史简述

1.2.1 古代土木工程的发展历史简述

古代土木工程的时间跨度，大致从旧石器时代（约公元前 5000 年起）到 17 世纪中叶。

古代土木工程所用的材料，最早为当地的天然材料，如泥土、石块、树枝、竹、茅草、芦苇等，后来开发出土坯、石材、木材、砖、瓦、青铜、铁、铅，以及混合材料如草筋泥、混合土等。古代土木工程所用的工具，最早只是石斧、石刀等简单工具，后来开发出斧、凿、锤、钻、铲等青铜和铁制工具，以及打桩机、桅杆起重机等简单施工机械。古代土木工程的建造主要依靠实际生产经验，缺乏设计理论的指导。尽管如此，古代土木工程还是留下了许多伟大的工程，记载着灿烂的古代文明。

1. 万里长城

万里长城（图 1-1）是世界上修建时间最长、工程量最大的工程之一，也是世界七大奇迹之一。长城从公元前 7 世纪开始修建，秦统一六国后，其规模达到"西起临洮，东止辽东，蜿蜒一万余里"，于是有了万里长城的称号。明朝对长城又进行了大规模的整修和扩建，东起鸭绿江，西至嘉峪关，全长在 7 000 km 以上，设置"九边重镇"，驻防兵力达 100 万人。"上下两千年，纵横十万里"，万里长城不愧为人类历史上伟大的军事防御工程。万里长城的结构形式主要为砖石结构，有些地段采用夯土结构，在沙漠中则采用红柳、芦苇与沙粒层层铺筑的结构。

图 1-1　万里长城

2. 都江堰和京杭大运河

都江堰（图 1-2）和京杭大运河（图 1-3）是我国古代水利工程的两个杰出代表。

都江堰是世界文化遗产（2000 年被联合国教科文组织列入"世界文化遗产"名录）、世界自然遗产（四川大熊猫栖息地）、全国重点文物保护单位、国家级风景名胜区、国家 AAAAA 级旅游景区。

都江堰位于四川省成都市都江堰市城西，坐落在成都平原西部的岷江上，始建于秦昭王末年（约公元前 256—前 251），是蜀郡太守李冰父子在前人鳖灵开凿的基础上组织修建的大型水利工程，由分水鱼嘴、飞沙堰、宝瓶口等部分组成。都江堰 2 000 多年来一直发挥着防洪灌溉的作用，使成都平原成为"水旱从人、沃野千里"的"天府之国"，至今灌区已达 30

余县市、面积近 6 000 km²，是全世界迄今为止，年代最久、唯一留存、仍在一直使用，以无坝引水为特征的宏大水利工程，是中国古代劳动人民勤劳、勇敢、智慧的结晶。

京杭大运河是春秋吴国为伐齐国而开凿的，隋朝大幅度扩修并贯通至都城洛阳且连涿郡，元朝翻修时弃洛阳而取直至北京。京杭大运河从开凿到现在已有 2 500 多年的历史，是世界上里程最长、工程最大的古代运河，也是最古老的运河之一，与长城、坎儿井并称为中国古代的三项伟大工程，并且使用至今，是中国古代劳动人民创造的一项伟大工程，是中国文化地位的象征之一。大运河南起余杭（今杭州），北到涿郡（今北京），途经今浙江、江苏、山东、河北四省及天津、北京两市，贯通海河、黄河、淮河、长江、钱塘江五大水系，全长约 1 797 km。运河对中国南北地区之间的经济、文化发展与交流，特别是对沿线地区工农业经济的发展起了巨大作用。

2014 年 6 月 22 日，第 38 届世界遗产大会宣布，京杭大运河项目成功入选世界文化遗产名录，成为中国第 46 个世界遗产项目。同年 9 月，通州、武清、香河三地水务部门已签订战略合作协议，京杭大运河通州—香河—武清段有望实现复航，计划于 2017 年实现初步通航，2020 年正式通航。

图 1-2　都江堰

图 1-3　京杭大运河

3. 中国古代桥梁

我们的祖先在桥梁建设史上写下了不少光辉灿烂的篇章，据史料记载，约 3 000 年前已在渭河上架设过浮桥。在中国，吊桥具有悠久的历史。初期吊桥的缆索是由藤条或竹子做成的，后来发展为用铁链代替。在中国古代，冶炼技术领先于世界。据《水经注》记载，早在前秦时代（约公元前 200 年）就已经有了铁制的桥墩，汉明帝时（公元 60 年前后）就有了铁链悬索桥。至今保留下来的古代吊桥有四川省沪定县的大渡河铁索桥。其建成于 1706 年，桥跨 100 m，桥宽约 2.8 m。

中国早在秦汉时期就已广泛修建石梁桥。福建泉州的万安桥于 1059 年建成，共 58 孔，长达 834 m。漳州虎渡桥，1240 年建成，总长约 335 m，一直保存至今；其石梁每个长达 23.7 m，重约 2 000 kN，这样大的石梁其运输、安装都需要很先进的技术。河北赵州桥（又称安济桥，图 1-4），是中国古代石拱桥的杰出代表。该桥为隋朝（公元 605 年左右）工匠李春所建，其

4

特点是跨度大（37.47 m）、矢跨比小，主跨带小拱，轻巧美观，又利于排洪。作为石拱桥其跨度之大，当时居世界之首。

图 1-4　赵州桥

4. 中外古代建筑

西方留下来的宏伟建筑（或建筑遗址）大多是砖石结构的。如埃及的金字塔（图 1-5），建于公元前 2700 年至公元前 2600 年间，其中最大的一座是胡夫金字塔，该塔基底为正方形，每边长 230.5 m，高约 140 m，用 230 余万块巨石砌成。又如希腊的帕特农神庙、古罗马的斗兽场等都是非常优秀的古代石结构建筑。

中国古代建筑大多为木结构加砖墙建成。公元 1056 年建成的山西应县木塔（又称佛宫寺释迦塔，图 1-6），塔高 67.31 m，共 9 层，横截面呈八角形，底层直径达 30.27 m。该塔经历了多次大地震，历时近千年仍完好耸立，足以证明我国古代木结构的精湛技术。其他木结构如北京的故宫、天坛，天津蓟州区的独乐寺、观音阁等均为具有漫长历史的优秀木结构建筑。

图 1-5　金字塔

图 1-6　佛宫寺释迦塔

1.2.2　近代土木工程发展历史简述

一般认为，近代土木工程的时间跨度为 17 世纪中叶到第二次世界大战前后，历时 300

5

余年。在这一时期，土木工程有了革命性的发展，逐步形成为一门独立学科。这个时期土木工程的发展有以下几个特点。

1. 奠定了土木工程的设计理论

土木工程的实践及其他学科的发展为系统的设计理论奠定了基础。1638年，意大利学者伽利略首次用公式表达了梁的设计理论。1687年，牛顿总结出力学三大定律，为土木工程奠定了力学分析的基础。1744年，瑞士数学家欧拉建立了柱的压屈理论，给出了柱临界压力的计算公式。随后，在材料力学、弹性力学和材料强度理论的基础上，法国的纳维于1825年建立了土木工程中结构设计的容许应力法，从此，土木工程的结构设计有了比较系统的理论指导。1906年美国旧金山大地震和1923年日本关东大地震推动了土木工程对结构动力学和工程结构抗震的研究。

2. 出现了新的土木工程材料

从材料方面来讲，1824年波特兰水泥的发明及1867年钢筋混凝土开始应用是近代土木工程发展史上的重大事件。1859年，转炉炼钢法的成功使得钢材得以大量生产并应用于房屋、桥梁的建筑。混凝土及钢材的推广应用，使得土木工程师可以运用这些材料建造更为复杂的工程设施。在近代及现代建筑中，凡是高耸、大跨、巨型、复杂的工程结构，绝大多数应用了钢结构或钢筋混凝土结构。

3. 出现了新的施工机械及其施工技术

这一时期内，产业革命促进了工业、交通运输业的发展，对土木工程设施提出了更多的要求，同时也为土木工程的建造提供了新的施工机械和施工方法。打桩机、压路机、挖土机、掘进机、起重机、吊装机等纷纷出现，这为快速高效地建造土木工程提供了有力的手段。

4. 土木工程发展到成熟阶段，其建设规模前所未有

在交通运输方面，由于汽车在陆路交通中具有快速和机动灵活的特点，道路工程的地位日益重要，沥青和混凝土开始用于铺筑高级路面。1931—1942年，德国首先修筑了长达3 860 km的高速公路网，美国和欧洲其他一些国家相继效法。20世纪初出现了飞机，机场工程迅速发展起来。钢铁质量的提高和产量的上升，使建造大跨桥梁成为现实。1918年，加拿大建成魁北克悬臂桥，跨度为548.6 m；1937年，美国旧金山建成金门悬索桥，跨度为1 280 m，全长2 825 m，是公路桥的代表性工程；1932年，澳大利亚建成悉尼港桥，为双铰钢拱结构，跨度为503 m。

工业的发达、城市人口的集中，使工业厂房向大跨度发展，民用建筑向高层发展。1931年，美国纽约的帝国大厦（图1-7）落成，共102层，高378 m，有效面积16万平方米，结构用钢约5万吨，内装电梯67部，还有各种复杂的管网系统，可谓集

图1-7　纽约帝国大厦

当时技术成就之大成，它保持世界房屋最高纪录达 40 年之久。

中国清朝实行闭关锁国政策，近代土木工程进展缓慢，直到清末出现洋务运动，才引进一些西方技术。1909 年，中国著名工程师詹天佑主持的京张铁路建成，全长约 200 km，达到当时世界先进水平。全程有 4 条隧道，其中八达岭隧道长 1 091 m。到 1911 年辛亥革命时，中国铁路总里程为 9 100 km。我国于 1894 年建成用气压沉箱法施工的滦河桥，1901 年建成全长 1 027 m 的松花江桁架桥，1905 年建成全长 3 015 m 的郑州黄河桥。中国近代市政工程始于 19 世纪下半叶，1879 年旅顺建成近代给水工程，相隔不久，上海也开始供应自来水和电力。1889 年，唐山设立水泥厂。1910 年，我国开始生产机制砖。中国近代土木工程教育事业开始于 1895 年创办的天津北洋西学学堂（后称北洋大学，今天津大学）和 1896 年创办的山海关北洋铁路官学堂（后称唐山交通大学，今西南交通大学）。

中国近代建筑以 1929 年建成的中山陵和 1931 年建成的广州中山纪念堂（跨度 30 m，图 1-8）为代表。1934 年，上海建成了钢结构的 24 层国际饭店、21 层百老汇大厦（今上海大厦，图 1-9）和钢筋混凝土结构的 12 层大新公司。到 1936 年，我国已有近代公路 11 万千米。中国工程师设计修建了浙赣铁路、粤汉铁路的株洲至韶关段以及陇海铁路西段等。1937 年，我国建成了公路铁路两用的钢桁架钱塘江大桥，长 1 453 m，采用沉箱基础。1912 年，中华工程师会成立，詹天佑为首任会长。20 世纪 30 年代，中国土木工程师学会成立。

图 1-8　中山纪念堂

图 1-9　百老汇大厦

1.2.3　现代土木工程的发展历史简述

现代土木工程以社会生产力的现代发展为动力，以现代科学技术为背景，以现代工程材料为基础，以现代工艺与机具为手段高速度地向前发展。第二次世界大战结束后，社会生产力出现了新的飞跃，现代科学技术突飞猛进，土木工程进入一个新时代。从世界范围来看，现代土木工程为了适应社会经济发展的需求，具有以下一些特征。

1. 功能要求多样化

现代科学技术的高度发展使得土木工程结构及其设施的使用功能必须适应社会的现代化水平。土木工程结构的多样化功能要求不但体现了社会的生产力发展水平，而且对土木工程的生产要求也越来越高，从而使得学科间的交叉和渗透越来越强烈，生产过程越来越复杂。

随着科学技术的高度发展，现代土木工程中装配式工程结构构件的生产和安装尺寸精度要求越来越高。有的特种工程结构，例如：核工业的发展带来的新的工程类型，如核电站、加速器工程等，要求具有很好的抗辐射功能；电子工业和精密仪器工业要求结构能防微振。现代公用建筑和住宅建筑不再仅仅是传统意义上徒具四壁的房屋，而要求结构有良好的采光、通风、保温、隔音减噪、防火、抗震等功能。20世纪末，随着科学技术的发展和人们生活水平的提高，人们对居住环境要求生态化，于是建筑的生态功能越来越为人们所重视。随着电子技术和信息化技术的高度发展，建筑结构的智能化功能也越来越为人们所重视。

现代土木工程的使用功能多样化程度不仅反映了现代社会的科学技术水平，也折射出土木工程学科的发展水平。

2. 城市立体化

随着经济的发展、人口的增长，城市用地更加紧张，交通更加拥挤，这就迫使房屋建筑和道路交通向高空和地下发展。

图1-10　西尔斯大厦

高层建筑成了现代化城市的象征。1974年，芝加哥建成高达433 m的西尔斯大厦（图1-10），超过了1931年建造的纽约帝国大厦的高度。现代高层建筑由于设计理论的进步和材料的改进，出现了新的结构体系，如剪力墙、筒中筒结构等。台北101大楼（图1-11）是位于中国台湾台北市信义区的一幢摩天大楼，2004年建成，楼高508 m，地上101层，地下5层，是当时全世界最高的摩天大楼。1996年建成的马来西亚首都吉隆坡双塔大厦由两座88层的塔楼组成，高达451.9 m。上海金茂大厦位于陆家嘴金融贸易区，1998年建成，由美国芝加哥SOM建筑事务所设计。大厦的高度为421 m，总建筑面积29万平方米，占地2.3万平方米，地上88层，地下3层，总投资为5.4亿美元，是杨浦大桥、南浦大桥、东方明珠塔总造价的1.5倍。上海环球金融中心位于浦东陆家嘴，2008年竣工，是以日本的森大厦株式会社为中心，联合日本、美国等的40多家企业投资兴建的。该工程地块面积为3万平方米，总建筑面积381 600 m^2，紧靠金茂大厦。该工程地上101层，地下3层，建筑主体结构高达492 m。

图1-11　台北101大厦

中国城镇化政策的推行带来城市规模的不断扩张，中国成为世界制造业大国，从而带来了轿车工业的迅猛发展，小轿车进入家庭的速度不断加快，城市交通严重紧张状况由几个大都市向普遍的大城市发展，城市交通堵塞由局部地区和局部时间段向大部分地区和较长时间段上发展，给人们正常出行带来了极大的不便。大力发展城市轨道交通是国内外解决城市交通最好的办法和出路，成为政府和人们普遍的认识。据不完全统计，我国规划、准备建设和已经建设城市轨道交通的城市有20多个，规划城市轨道交通网总里程在3 500 km以上，已经建成和正在建设的轨道交通长度约 1 000 km，城市轨道交通发展的前景是宏大的，建设市场是广阔的。

3. 交通高速化

高速公路虽然 1934 年就在德国出现，但在世界各地较大规模的修建，是第二次世界大战后的事。1983 年，世界高速公路已达 11 万千米。到 2004 年年底，中国高速公路通车里程已超过 3.4 万千米，继续保持世界第二，在很大程度上取代了铁路的职能。高速公路的里程数，已成为衡量一个国家现代化程度的标志之一。

铁路也出现了电气化和高速化的趋势，我国在发展铁路电气化方面，先后建成陇海铁路郑州至兰州、太焦铁路长治至月山，以及贵昆、成渝、川黔、襄渝、京秦、丰沙大和石太等电气化铁路共 4 700 km 以上。2007 年 4 月 18 日，中国全国铁路正式实施第六次大面积提速，时速达到 200 km，其中京哈、京沪、京广、胶济等提速干线部分区段可达到时速 250 km。日本的"新干线"铁路行车时速达 210 km，法国巴黎到里昂的高速铁路运行时速达 260 km。中国上海磁悬浮列车于 2004 年 1 月 1 日正式投入商业运营，线路全长 29.873 km，西起上海地铁 2 号线龙阳路站，东至浦东国际机场，设计最高运行时速 430 km，单向运行时间 7 分 20 秒。

航空事业在现代得到飞速发展，航空港遍布世界各地。航海业也有很大发展，世界上的国际贸易港口超过 2 000 个，并出现了大型集装箱码头。中国天津塘沽、上海、浙江北仑、广州、湛江等港口也已逐步实现现代化，有的还建成了集装箱码头泊位。

4. 材料轻质高强化

现代土木工程的材料进一步轻质化和高强化，工程用钢的发展趋势是采用低合金钢。中国从 20 世纪 60 年代起普遍推广了锰硅系列和其他系列的低合金钢，大大节约了钢材用量并改善了结构性能。高强钢丝、钢绞线和粗钢筋的大量生产，使预应力混凝土结构在桥梁、房屋等工程中得以推广。强度等级为 500~600 号的水泥已在工程中普遍应用，近年来轻集料混凝土和加气混凝土已用于高层建筑。例如，美国休斯敦的贝壳广场大楼，用普通混凝土只能建 35 层，改用陶粒混凝土后，自重大大减轻，用同样的造价可建造 52 层。而大跨、高层、结构复杂的工程又反过来要求混凝土进一步轻质、高强化。高强钢材与高强混凝土的结合使预应力结构得到较大的发展。中国在桥梁工程、房屋工程中广泛采用预应力混凝土结构，如重庆长江桥的预应力 T 构桥，跨度达 174 m；先张法和后张法的预应力混凝土屋架、吊车梁和空心板在工业建筑和民用建筑中得到广泛使用。铝合金、镀膜玻璃、石膏板、建筑塑料、玻璃钢等工程材料发展迅速。新材料的出现与传统材料的改进是以现代科学技术的进步为背景的。

5. 施工过程工业化

大规模现代化建设使中国和苏联、东欧的建筑标准化达到了很高的程度，人们力求推行工业化生产方式，在工厂中成批地生产房屋、桥梁的种种构配件、组合体等。预制装配化的潮流在 20 世纪 50 年代后席卷了以建筑工程为代表的许多土木工程领域。这种标准化在中国社会主义建设中起到了积极作用。中国建设规模在绝对数字上是巨大的，最近 30 年来城市工业与民用建筑面积在 23 亿平方米以上，其中住宅 10 亿平方米，若不广泛推行标准化，是难以完成的。装配化不仅对建造房屋重要，而且在桥梁建设中也很重要。我国应用装配化技术已制出装配式轻型拱桥，并从 20 世纪 60 年代开始采用与推广，对解决农村交通起到了一定作用。

在标准化向纵深发展的同时，多种现场机械化施工方法在 20 世纪 70 年代以后发展得特别快。同步液压千斤顶的滑升模板广泛用于高耸结构，如 1975 年建成的加拿大多伦多电视塔高达 553 m，施工时就用了滑模，在安装天线时还使用了直升机。现场机械化的另一个典型实例是用一群小提升机同步提升大面积平板的提升板结构施工方法，近 10 年来，中国用这种方法建造了约 300 万平方米房屋。此外，钢制大型模板、大型吊装设备与混凝土自动化搅拌楼、混凝土搅拌输送车、输送泵等相结合，形成了一套现场机械化施工工艺，使传统的现场灌筑混凝土方法获得了新生命，在高层、多层房屋和桥梁中部分地取代了装配化，成为一种发展很快的方法。现代技术使许多复杂的工程成为可能，例如：中国宝成铁路有 80% 的线路穿越山岭地带，桥隧相连，而成昆铁路桥隧长度占总长的 40%；日本山阳新干线新大阪至博多段的隧道长度占总长的 50%；苏联在靠近北极圈的寒冷地带建造了第二条西伯利亚大铁路；中国的青藏铁路、青藏公路直通"世界屋脊"。由于采用了现代化的盾构设备，隧道施工速度加快，精度也得到提高。土石方工程中广泛采用定向爆破的方法，解决了大量土石方的施工难题。

6. 理论研究精密化

现代科学信息传递速度大大加快，一些新理论与方法，如计算力学、结构动力学、动态规划法、网络理论、随机过程论、滤波理论等的成果，随着计算机的普及而渗进了土木工程领域。结构动力学已发展完备，荷载不再是静止的和确定性的，而将被作为随时间变化而变化的随机过程来处理。美国和日本使用由计算机控制的强震仪台网系统，提供了大量原始地震记录。日趋完备的反应谱方法和直接动力法在工程抗震中发挥很大作用。中国在抗震理论、测震、震动台模拟试验以及结构抗震技术等方面有了很大发展。

在结构设计计算中，静态的、确定的、线性的、单个的分析，逐步被动态的、随机的、非线性的、系统与空间的分析所代替。电子计算机使高次超静定的分析成为可能，例如，高层建筑中框架-剪力墙体系和筒中筒体系的空间工作，只有用电算技术才能计算。电算技术的应用也促进了大跨桥梁修建的实现：1980 年，英国建成亨伯悬索桥，单跨达 1 410 m；1983 年，西班牙建成卢纳预应力混凝土斜张桥，跨度达 440 m；我国于 1975 年在云阳建成第一座跨度为 145.66 m 的斜张桥后，又相继建成跨度为 220 m 的济南黄河斜张桥及跨度达 260 m 的天津永和桥。

大跨度建筑的形式层出不穷，薄壳、悬索、网架和充气结构覆盖大片面积，满足种种大型社会公共活动的需要。1959 年，巴黎建成多波双曲薄壳的跨度达 210 m；1976 年，美国新奥尔良建成的网壳穹顶直径为 207.3 m；1975 年，美国密歇根庞蒂亚克体育馆充气塑料薄膜覆盖面积达 35 000 m^2，可容纳观众 80 000 人。中国也建成了许多大空间结构，如上海体育馆圆形网架直径 110 m，北京工人体育馆悬索屋面净跨为 94 m。大跨建筑的设计也是理论水平的一个标志。

从材料特性、结构分析、结构抗力计算到极限状态理论，土木工程各个分支都得到了充分发展。20世纪50年代，美国、苏联开始将可靠性理论引入土木工程领域。土木工程的可靠性理论建立在作用效应和结构抗力的概率分析基础上。工程地质、土力学和岩体力学的发展为研究地基、基础和开拓地下、水下工程创造了条件。计算机不仅予以辅助设计，更作为优化手段，不但运用于结构分析，而且扩展到用于建筑、规划等领域。

理论研究的日益深入，使现代土木工程取得许多质的进展，更使工程实践离不开理论指导。此外，现代土木工程与环境关系更加密切，从使用功能上考虑它造福人类的同时，还要注意它与环境的协调问题。现代生产和生活时刻排放大量废水、废气、废渣和噪声，污染着环境。环境工程，如废水处理工程等又为土木工程增添了新内容。核电站和海洋工程的快速发展，又产生了新的引起人们极为关心的环境问题。现代土木工程规模日益扩大，例如：乌干达欧文瀑布水库库容达2 040亿立方米；苏联罗贡土石坝高325 m；中国葛洲坝截断了世界最大河流之一的长江；巴基斯坦引印度河水的西水东调工程规模很大；中国在1983年完成了引滦入津工程，南水北调工程正在进行当中。这些大水坝的建设和水系调整还会引起对自然环境的另一影响，即干扰自然和生态平衡，而且现代土木工程规模愈大，它对自然环境的影响也愈大。因此，大规模现代土木工程的建设带来了一个保持自然界生态平衡的课题，有待综合研究解决。

1.2.4 现代土木工程的发展展望

地球上可以居住、生活和耕种的土地和资源是有限的，而人口增长的速度是不断加快的。因此，人类为了争取生存，土木工程的未来至少应向以下五个方向发展。

1. 向高空延伸

现在人工建筑物高度不断攀升，例如，波兰Gabin 227 kHz长波台钢塔（图1-12）高646 m，由15根钢纤绳锚拉。日本拟在东京建造800.7 m高的千年塔（图1-13），它在距海约2 km的大海中，是一座将工作、休闲、娱乐、商业、购物等融于 体的抗震竖向城市，居民可达50 000人。中国拟在上海附近的1.6 km宽、200 m深的人工岛上建造一栋高1 250 m的仿生大厦，居民可达100 000人。印度也提出将投资50亿人民币建造超级摩天大楼，其地上共202层，高达710 m。

图1-12　波兰钢塔

图1-13　东京千年塔

2. 向地下发展

1991 年，在东京召开的城市地下空间国际学术会议通过了《东方宣言》，提出了"21 世纪是人类开发利用地下空间的世纪"。建造地下建筑具有有效改善城市拥挤、节能和减少噪声污染等优点。日本于 20 世纪 50 年代末至 70 年代大规模开发利用浅层地下空间，到 80 年代末已开始研究 50～100 m 深层地下空间的开发利用问题。日本 1993 年开建的东京新丰州地下变电所，深达地下 70 m。目前，世界上共修建水电站地下厂房约 350 座，最大的为加拿大的格朗德高级水电站。中国城市地下空间的开发尚处于初级阶段，目前已有北京、上海、广州等城市建有地铁。

3. 向海洋拓展

为了防止机场噪声对城市居民的影响，也为了节约使用陆地，2000 年 8 月 4 日，日本大阪围海建造的 1 000 m 长的关西国际机场试飞成功。阿拉伯联合酋长国首都迪拜的七星级酒店（又称帆船酒店，图1-14）也建在海上。洪都拉斯将建海上城市型游船，该船长804.5 m、宽 228.6 m，有 28 层楼高，船上设有小型喷气式飞机的跑道，还有医院、旅馆、超市、饭店、理发店和娱乐场等。近些年来，中国在这方面也已取得了可喜的成绩，如上海南汇滩围垦成功和崇明东滩围垦成功，最近又在建设黄浦江外滩的拓岸工程。围垦、拓岸工程和建造人工岛有异曲同工之处，为将来像上海这样大的近海城市建造人工岛积累了科技经验和准备力量。

图 1-14　迪拜帆船酒店

4. 向沙漠进军

全世界约有 1/3 的陆地为沙漠，每年约有 60 000 km² 的耕地被侵蚀，这将影响上亿人的生活。世界未来学会对 21 世纪初世界十大工程设想之一是将西亚和非洲的沙漠改造成绿洲。改造沙漠首先必须有水，然后才能绿化和改造沙土。现在，利比亚沙漠地区已建成一条大型的输水管道，并在班加西建成了一座直径 1 km、深 16 km 的蓄水池用以沙漠灌溉。在缺乏地下水的沙漠地区，国际上正在研究开发使用沙漠地区太阳能淡化海水的可行方案，该方案一旦实施，将会启动近海沙漠地区大规模的建设工程。中国沙漠输水工程试验成功，自行修建的第一条长途沙漠输水工程已全线建成试水，顺利地引黄河水入沙漠。中国首条沙漠高速公路——榆靖高速公路已竣工，起自榆林市榆阳区芹河乡孙家湾村，止于靖边县新农村乡石家湾村，正线全长 115.918 km，榆林、横山、靖边三条连接线长 18.256 km，项目建设里程全长 134.174 km。

5. 向太空迈进

随着近代天文学宇航事业的飞速发展和人类登月的成功实现，人们发现月球上拥有大量的钛铁矿，在 800 ℃ 高温下，钛铁矿与氢化物便合成铁、钛、氧和水汽，由此可以制造出人类生存必需的氧和水。美国政府已决定在月球上建造月球基地，并通过这个基地进行登陆火星的行动。美籍华裔林铜柱博士 1985 年发现建造混凝土所需的材料月球上都有,因此可以在月球上制作钢筋混凝土配件装配空间站。预计 21 世纪 50 年代以后,空间工业化、空间商业化、空间旅游、外层空间人类化等可能会得到较大的发展。

思 考 题

1. 请简要描述土木工程的发展历史。每个阶段的土木工程之间有什么区别?
2. 未来土木工程的发展趋势主要有哪些方向?
3. 土木工程的主要研究涉及哪些领域?

课后阅读

中国人的出行与生活变迁

随着中国与世界经济的关系越来越紧密,中国人的生活逐渐进入了一个更加广阔的政治、经济、人文环境中。其中,中国人的出行方式,也经过了一个从"体力"到"便捷"的漫长过程。每个年代都有与当时的社会生产力水平相适应的交通工具,从最初的人力车、畜力车到后来的自行车、摩托车,再到现在的汽车为主要代步工具,这其中映衬出的是社会的发展和人民生活的富足。

如今,在年龄超过 50 岁的中国人的记忆里,20 世纪 50—70 年代,自行车是中国人最"拉风"的代步工具(图 1-15),也是那个时期最具有符号意义的社会特征。

图 1-15　主要交通工具为自行车的时代

20 世纪 80 年代,摩托车开始逐步成为交通工具中的"新宠"(图 1-16)。

图 1-16 牧民利用摩托车放牧

20 世纪 90 年代，公交车（图 1-17）逐渐成为城市居民出行的主要交通工具。

图 1-17 公交车

而当下的中国，据公安部交管局发布的统计数据，截至 2015 年年底，全国私家车保有量已达 1.24 亿辆，平均每百户家庭拥有 31 辆。此外，机动车驾驶人已达 3.27 亿人，其中汽车驾驶人超过 2.8 亿人。私家车出行也逐渐成为现代人生活的发展趋势（图 1-18）。

图 1-18 私家车出行

另外，除了车辆出行的变化外，也出现了很多方便快捷的交通工具。

1. 轨道交通

轨道交通（图 1-19），是指具有运量大、速度快、安全、准点、保护环境、节约能源和用地等特点的交通方式，简称"轨交"，包括地铁、轻轨、磁悬浮、快轨、有轨电车、新交通系统等。目前，我国已经有很多城市开通运营轨道交通，例如北京、上海、天津、重庆、武汉、南京、广州、深圳、大连、长春、香港等。

图 1-19　轨道交通

城市轨道交通由于高密度运转、列车行车时间间隔短、行车速度高、列车编组辆数多而具有较大的运输能力。

由于城市轨道交通在专用行车道上运行，不受其他交通工具干扰，不产生线路堵塞现象并且不受气候影响，是全天候的交通工具，列车能按运行图运行，具有可信赖的准时性，车辆有较高的运行速度，有较高的启、制动加速度，多数采用高站台，列车停站时间短，上下车迅速方便，而且换乘方便，从而可以使乘客较快地到达目的地，缩短了出行时间。

城市轨道交通由于充分利用了地下和地上空间的开发，不占用地面街道，能有效缓解由于汽车大量发展而造成道路拥挤、堵塞，有利于城市空间的合理利用，特别有利于缓解大城市中心区过于拥挤的状态，提高了土地利用价值，并能改善城市景观。

2. 航空运输

航空运输（图 1-20），是使用飞机、直升机及其他航空器运送人员、货物、邮件的一种运输方式，具有快速、机动的特点，是现代旅客运输，尤其是远程旅客运输的重要方式，为国际贸易中的贵重物品、鲜活货物和精密仪器运输所不可缺。

图 1-20　航空运输

我们的生活无论发生了什么样的变化，都离不开我国土木工程的发展。土木工程直接或间接地为人类生活、生产、军事、科研服务，建造的工程设施反映出各个历史时期社会经济、文化、科学、技术发展的面貌，因而土木工程也成为社会历史发展的见证之一。

第 2 章　土木行业工程师与大学工程教育

2.1　科学、技术与工程

2.1.1　科学、技术与工程的定义

科学是指通过一定的研究方法所获得的自然及社会现象的系统化的知识体系。其主要任务是研究世界万物的发展规律，解决"是什么"和"为什么"的问题。但科学并不一定就是"真理"，只是暂时还没有被证伪的知识。

技术是指将科学知识转化成各种生产成果、工艺方法、装备系统等的过程，主要解决"做什么"和"如何做"的问题，以追求生产目标的有效实现。

工程是将科学知识和技术手段运用到生产部门而形成各种学科的总称。18 世纪，欧洲创造了"工程"一词，其本来含义是有关兵器制造、具有军事目的的各项劳作，后扩展到许多领域，如建筑屋宇、制造机器、架桥修路等。在现代社会中，"工程"一词有广义和狭义之分。就狭义而言，工程定义为以某组设想的目标为依据，应用有关的科学知识和技术手段，通过有组织的一群人将某个（或某些）现有实体（自然的或人造的）转化为具有预期使用价值的人造产品的过程，如建筑工程、水利工程、生物工程、海洋工程、系统工程、化学工程、环境微生物工程等。就广义而言，工程则定义为由一群（个）人为达到某种目的，在一个较长时间周期内进行协作（单独）活动的过程，如城市改建工程、京九铁路工程、菜篮子工程等。

2.1.2　科学、技术与工程之间的关系

1. 科学与技术之间的关系

科学与技术之间的关系比较密切：科学是技术的基础，同时，技术又是科学研究的手段。对新技术开发而言，现代技术就是以科学知识为原料转化而来的"产品"，而已经成熟的技术又作为手段在科学研究中得以运用。

2. 技术与工程之间的关系

技术支撑工程的实施，工程促进技术的发展。例如青藏铁路工程，在高原冻土上修建铁路，世界上还没有，这一工程的关键技术是冻土路基的保护，为此国家投入大量人力和物力进行技术攻关，最终取得了突破，保证了青藏铁路工程建设的顺利实施。

3. 科学与工程之间的关系

工程必须建立在科学认识基础上，但科学认识又往往只能在工程实践中才能获得，也就是说工程建立在科学之上，科学又寓于工程之中。例如对基因功能识别的研究，只有通过改变某一基因后观测生物体有什么反应，才能判别这一基因的功能是什么。

总的说来，科学是目的（成果），技术是手段，而工程则是过程。

2.1.3　土木工程

工程是科学与技术的具体运用，目的是使自然界的物质和能源的特性能够通过各种结构、机器、产品、系统等为人类生存与发展服务。

土木工程是建造各类工程设施的科学技术的统称，属于工程的一个大类。其本科专业属于工学门类的土建类专业，与建筑学、城市规划、建筑环境与设备工程、给排水工程并列。在本科引导性专业目录中，土木工程涵盖土木工程、给排水工程、水利水电工程。在国务院学位委员会颁布的研究生教育目录中，土木工程一级学科下设有岩土工程、结构工程、市政工程、供热、供暖、供燃气、通风及空调工程、防灾减灾工程及防护工程、桥梁与隧道工程。此外，为了顺应国民经济和社会发展的需要，我国还设有一些将工程同其他学科（如管理、经济）融合起来的交叉复合型学科，如工程管理专业、工程造价专业等。

2.2　大学工程教育

工程活动是伴随着人类社会的发展而发展起来的。它所建造的工程设施反映出各个历史时期社会经济、文化、科学、技术发展的面貌，因而工程活动也就成为社会历史发展的见证之一。远古时代，人们就开始修筑简陋的房舍、道路、桥梁等，后期为了适应战争、生产和生活及宗教传播等需要，又兴建了城池、运河、宫殿、寺庙以及其他建筑物。许多著名的工程设施显示出人类在这个历史时期的智慧和创造力，如中国的万里长城、都江堰、大运河、赵州桥、应县木塔、埃及的金字塔，希腊的帕特农神庙，罗马的给水工程、科洛西姆圆形竞技场（罗马大斗兽场）等。工业革命之后，特别是到了 20 世纪，随着现代科学和技术的发展，社会对工程活动提出了更高的要求，工程活动得到了飞跃式发展，需要大量从事工程规划、勘探、设计、施工、管理等的工程师，以及从事工程技术开发、科学研究的科技人才参与到现代工程活动中来。也就是说工程活动要想顺利实现，必须培养大量的专业人才，这就需要工程教育的铺垫。

近代高等工程学校的鼻祖可以追溯到 18 世纪欧洲各国建立的学校。之后，随着 18 世纪英国工业革命的到来，蒸汽机（1782 年）、机车（1812 年）和铁路（1822 年）相继问世，19 世纪 70 年代电机发明，逐渐为现代大学工学院土木、机械和电机三个基本学科奠定了格局。

2004 年，美国工程院工程教育委员会将"工程哲学"列入当年的研究项目中，并设立了专门的工程哲学指导委员会，以对"工程"进行正确理解。同年 6 月，中国工程院召开工程哲学座谈会，12 月举办工程哲学论坛。至此，工程哲学专业委员会正式成立。

工程哲学首先对工程、技术和科学三者的关系进行了研究，李伯聪教授提出科学、技术与工程是三个不同的对象、三种不同的活动，它们有本质的区别也有密切的联系，他将这种观点称为"科学-技术-工程三元论"。科学活动的本质在于发现，技术活动的本质在于发明，工程活动的本质在于建造。而随着社会的发展，现代工程活动已经成为科学与技术有机结合的社会活动。

工程师为了改进人们的生活，创造和建造不同的建筑作品。随着人类需求的提高，未来工程面临着技术和社会的挑战。而现代工程教育必须考虑这些挑战，从最初的缺失理论的实践技术教育到强调科学基础的理论教育，最终向着工程本质所要求的方向前进。

总之，对于土木工程行业来说，现代土木工程的基本任务是建设和完成一个具体的工程项目，在这个过程中，有基于新发现的科学理念和方法的出现，也有受到"专利"保护的技术发明诞生，在所应用的新型软件中也包含着新的科学理论和分析方法。由此可见，工程与技术和科学之间是密不可分的，所以对于科学家和工程师的培养目标、培养方式也就不同。现代大学工程教育必须正视不能将以培养科学家为目的的理科教育方式运用于培养工程师。必须明确科学是要求明辨是非，而工程则可以有不唯一的答案，是优与劣、先进与落后的选择。现代大学教育必须要正视这一点，在工程教育上要有针对性地展开实施。

2.3 土木工程行业技术人员执业资格与注册制度

2.3.1 土木工程行业技术人员执业资格

国家对从事人类生活与生产服务的各种土木工程活动的专业技术人员，实施严格的执业资格制度，要求从事相关建筑活动的技术人员必须达到一定的执业标准，并获得相应的执业注册证书。住房和城乡建设部、国家发展和改革委员会、环境保护部、安全生产监督管理总局等部门都分别设置了相应的执业资格注册制度，其中住房和城乡建设部设置的执业资格如表 2-1 所示。

表 2-1 执业资格表

序 号	执业资格	专 业
1	一级建造师	建筑工程、机电工程、市政工程、公路工程、铁路工程、水利水电、港口航道、矿业工程、民航机场、通信广电
2	二级建造师	建筑工程、机电工程、市政工程、公路工程、水利水电、矿业工程
3	建筑师	一级建筑师、二级建筑师
4	结构工程师	一级结构工程师、二级结构工程师
5	电气工程师	发输变电、供配电
6	土木工程师	岩土、港口与航道、水利水电工程
7	公用设备工程师	暖通空调、给水排水、动力

序 号	执业资格	专 业
8	造价工程师	土建、安装
9	监理工程师	
10	环保工程师	
7	化工工程师	
8	城市规划师	
9	物业管理师	
10	房地产估价师	

2.3.2 注册执业资格条件

从表 2-1 可以看出，国家针对不同的土木工程活动设置了不同的建筑执业资格，每一个执业资格都有各自的注册条件。下面以注册建造师、建筑师、造价师进行举例说明。

1. 注册建造师

为了加强建设工程项目管理，提高工程项目总承包及施工管理专业技术人员素质，规范施工管理行为，保证工程质量和施工安全，住房和城乡建设部设置了注册建造师执业资格，并将注册建造师分为一级建造师和二级建造师两个等级。

一级注册建造师是担任大型项目经理的前提条件。只有取得建造师执业资格证书且符合注册条件的人员，经过注册登记，即获得建造师注册证书后，方可受聘执业。

一、二级建造师注册条件及执业范围见表 2-2。

表 2-2 一、二级建造师注册条件及执业范围

注册条件		考试科目	注册范围	执业范围
一级建造师	（1）取得工程类或工程经济类大学专科学历，工作满 6 年，其中从事建设工程项目施工管理工作满 4 年； （2）取得工程类或工程经济类大学本科学历，工作满 4 年，其中从事建设工程项目施工管理工作满 3 年； （3）取得工程类或工程经济类双学士学位或研究生班毕业，工作满 3 年，其中从事建设工程项目施工管理工作满 2 年； （4）取得工程类或工程经济类硕士学位，工作满 2 年，其中从事建设工程项目施工管理工作满 1 年； （5）取得工程类或工程经济类博士学位，从事建设工程项目施工管理工作满 1 年	建设工程经济； 建设工程法规及相关知识； 建设工程项目管理； 专业工程管理与实务（分设 10 个专业）	全国	大中型工程
二级建造师	具备工程类或工程经济类中等专科以上学历并从事建设工程项目施工管理工作满 2 年	建设工程施工管理；建设工程法规及相关知识； 专业工程管理与实务(分设 6 个专业)	本省	中小型工程

建造师执业资格注册有效期一般为 3 年，有效期满前 3 个月，持证者应到原注册管理机构办理再次注册手续。在注册有效期内，变更执业单位者，应当及时办理变更手续。

2. 注册建筑师

注册建筑师是依法取得注册建筑师资格证书，在一个建筑设计单位内执行注册建筑师业务的人员。国家对从事人类生活与生产服务的各种民用与工业房屋及群体的综合设计、室内外环境设计、建筑装饰装修设计，建筑修复、建筑雕塑、有特殊建筑要求的构筑物的设计，从事建筑设计技术咨询、建筑物调查与鉴定，对本人主持设计的项目进行施工指导和监督等专业技术工作的人员，实施注册建筑师执业资格制度。

一、二级建筑师注册条件及执业范围见表 2-3。

表 2-3　一、二级建筑师注册条件及执业范围

注册条件		考试科目	执业范围
一级建筑师	（1）取得建筑学硕士以上学位或者相近专业工学博士学位，并从事建筑设计或者相关业务 2 年以上的； （2）取得建筑学学士学位或者相近专业工学硕士学位，并从事建筑设计或者相关业务 3 年以上的； （3）具有建筑学业大学本科毕业学历并从事建筑设计或者相关业务 5 年以上的，或者具有建筑学相近专业大学本科毕业学历并从事建筑设计或者相关业务 7 年以上的； （4）取得高级工程师技术职称并从事建筑设计或者相关业务 3 年以上的，或者取得工程师技术职称并从事建筑设计或者相关业务 5 年以上的； （5）不具有前四项规定的条件，但设计成绩突出，经全国注册建筑师管理委员会认定达到前四项规定的专业水平的	设计前期与场地设计； 建筑设计； 建筑结构； 建筑物理与设备； 建筑材料与构造； 建筑经济、施工及设计业务管理； 建筑方案设计； 建筑技术设计； 场地设计	所有工程
二级建筑师	（1）具有建筑学或者相近专业大学本科毕业以上学历，从事建筑设计或者相关业务 2 年以上的； （2）具有建筑设计技术专业或者相近专业大学毕业以上学历，并从事建筑设计或者相关业务 3 年以上的； （3）具有建筑设计技术专业 4 年制中专毕业学历，并从事建筑设计或者相关业务 5 年以上的； （4）具有建筑设计技术相近专业中专毕业学历，并从事建筑设计或者相关业务 7 年以上的； （5）取得助理工程师以上技术职称，并从事建筑设计或者相关业务 3 年以上的	建筑设计； 建筑构造与详图； 建筑结构与设备； 法律、法规、经济与施工	国家规定的民用建筑工程等级分级标准三级（含三级）以下项目

3. 注册造价工程师

造价工程师是通过全国造价工程师执业资格统一考试或者资格认定、资格互认，取得中华人民共和国造价工程师执业资格，并按照《注册造价工程师管理办法》注册，取得中华人民共和国造价工程师注册执业证书和执业印章，从事工程造价活动的专业人员。

造价工程师注册条件及执业范围见表2-4。

表2-4　造价工程师注册条件及执业范围

	注册条件	考试科目	执业范围
造价工程师	（1）工程造价专业大专毕业，从事工程造价业务工作满5年；工程或工程经济类大专毕业，从事工程造价业务工作满6年。 （2）工程造价专业本科毕业，从事工程造价业务工作满4年；工程或工程经济类本科毕业，从事工程造价业务工作满5年。 （3）获上述专业第二学士学位或研究生班毕业和获硕士学位，从事工程造价业务工作满3年。 （4）获上述专业博士学位，从事工程造价业务工作满2年	工程造价管理基础理论与相关法规； 工程造价计价与控制； 建设工程技术与计量（土建、安装二选一）； 工程造价案例分析	所有工程

2.3.3　土木工程行业技术人员执业的其他条件

除了要达到国家要求的执业资格标准外，土木工程行业技术人员还需要满足以下一些条件：

（1）具有良好的政治素养和较高的综合素质。

（2）土木工程基础理论扎实，熟悉所处行业专业知识、技术规范、工程造价预决算方法，同时能独立完成实际操作，熟练运用CAD等制图软件。

（3）具备良好的组织管理能力、现场应变能力、分析规划能力、统筹协调能力、沟通表达能力等。

（4）精神状态积极向上，工作态度踏实敬业，身体和心理素质良好，且有较好的团队意识。

2.4　土木工程行业——建筑工程专业知识体系

土木工程泛指各种工业与民用工程设施。我国设置的土木工程专业包括了工程勘察、设计、施工、管理等科学技术知识，范围极广。本书就土木工程下的建筑工程专业进行展开说明。

2.4.1　建筑工程专业就业岗位群及培养目标

目前，建筑工程专业的就业岗位主要有技术岗位、技术管理岗位、操作岗位三大类，具体如图2-1所示。

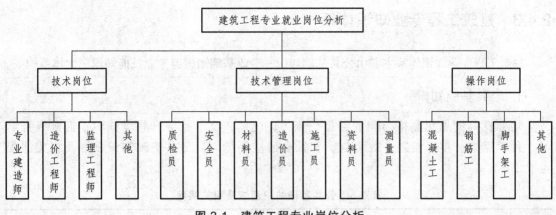

图 2-1 建筑工程专业岗位分析

建筑工程专业就是要针对这些岗位群培养懂技术、会管理的高层次应用型、技能型的专业技术及管理人才。

2.4.2 建筑工程专业培养规格

1. 培养良好的思想品格与综合素质

具备高尚的品德节操、科学思想和人文素养，具有求真务实的科学态度，正确的人生观和价值观。

2. 搭建扎实的理论基础和合理的知识结构

具有基本的人文社科知识，熟悉哲学、经济学、社会学、法学等方面的基本理论，掌握工程经济、项目管理的基本理论，并对其中某个方面有较深入的学习；熟练掌握一门外语；掌握力学的基本原理和分析方法、工程材料的基本性能、工程测量的基本原理和方法、画法几何与工程制图的基本原理、施工组织及管理的一般过程和管理以及技术经济分析的基本方法；掌握 CAD 和其他软件的应用；掌握现代施工技术、工程检测和实验的基本方法；了解建筑相关法律法规；了解本专业点的发展前景以及相关学科的一般知识。

3. 较强的实践能力和创新意识

具备整合资料、获取信息、拓展知识、继续学习的能力；具有利用计算机、语言、图表等进行工程表达和交流的能力；经过一定环节训练后，能够在某方面进行工程设计、施工和管理等能力。

4. 具备自我学习，分析和解决实际问题的能力

在大学期间所学的知识终归是有一定限度的，而建筑工程只属于土木工程行业里很小的一个分支，加之新的技术不断出现，只有不断地自主学习，扩充知识面，才能弥补知识的不足。因此，除了书本和老师教授的知识外，还需要多参与实践，多查阅资料，多上网学习。通过在实践当中不断地发现和解决新的问题，可以更快的实现自我成长。

2.4.3 建筑工程专业知识体系

建筑工程专业知识体系主要由公共基础知识、专业基础知识与专业技能知识三大体系构成。

1. 公共基础知识

培养良好的思想品格与职业道德，较为广泛的人文、社会和科学知识；拥有终身学习、科学思维、善于实践、敢于创新和社会适应等能力。公共基础知识领域及相关课程见表2-5。

表2-5 公共基础知识领域及相关课程

知识体系	知识领域	相关课程
工具性知识	外语	大学英语、专业英语、计算机信息技术、科技文献检索
	信息科学技术	
	计算机技术与应用	
人文社会科学知识	哲学	马克思主义基本原理概论、毛泽东思想和中国特色社会主义理论体系概论、中国近代史纲要、思想道德修养与法律基础、管理学原理、经济学基础、心理健康教育、大学体育、军事训练
	政治学	
	历史学	
	法学	
	社会学	
	管理学	
	经济学	
	心理学	
	体育	
	军事	
自然科学知识	数学	高等数学、线性代数、概率论与数理统计、大学物理
	物理学	

2. 专业基础知识

通过专业基础课程教育，具备学习建筑工程专业所必需的基础理论知识，为后期专业技能课程学习打下基础。专业基础知识领域及相关课程见表2-6。

表 2-6　专业基础知识领域及相关课程

知识领域	相关课程
力学原理与基础	建筑力学与构造
专业技术相关基础	土木工程概论、建筑材料与检测、工程测量、建筑工程制图与识图
工程项目经济与管理	工程财务管理、工程经济学、工程成本会计
计算机应用技术	建筑 CAD 软件应用
施工原理方法	建筑工程施工技术
法律	建设法规

3. 专业技能知识

通过专业技能课程学习和训练，掌握建筑工程专业所必需的专业理论知识。这一类课程通常会设置对应课堂教学的实践训练，以帮助初步掌握专业技能。专业技能知识领域及相关课程见表 2-7。

表 2-7　专业技能知识领域及相关课程

知识领域	相关课程
施工原理和方法	地基与基础工程施工、主体结构工程施工、建筑工程造价等
施工管理	建筑施工组织设计、工程项目管理、建筑工程质量及安全管理、合同管理等

思 考 题

1. 科技、技术、工程的定义分别是什么？它们三者之间有什么关系？
2. 从事土木工程行业的执业人员需要达到什么条件？
3. 为什么要执行注册工程师制度？
4. 怎样才能学好建筑工程专业？

贝聿铭

图 2-2　贝聿铭

贝聿铭（图 2-2），美籍华人建筑师，1917 年出生于中国广东省广州市，为苏州望族之后，1935 年赴美国留学，学习建筑。他是 1983 年普利兹克奖得主，曾获美国总统授予的"自由勋章"及美国"国家艺术奖"、法国总统授予的"光荣勋章"等，被誉为"现代建筑的最后大师"。

贝聿铭的童年和少年是在风景如画的苏州和高楼林立的上海度过的，他从小立志要当一名建筑师。后来，他留美学习建筑学，以超人的智慧多次完成复杂的设计任务，并在纽约开设了自己的建筑设计事务所，又成立了"贝聿铭设计公司"，专门承担工程的设计任务。

1927 年以后，他回到上海读中学，后来又就读于上海圣约翰大学。1935 年，他远渡重洋，到美国留学。父亲原来希望他留学英国学习金融，但他没有遵从父命，而是依自己的爱好进入美国宾夕法尼亚大学攻读建筑系。

他在上海读书时，周末常到一家台球馆去玩台球。台球馆附近正在建造一座当时上海最高的饭店。这引起了他的好奇心：人们怎么会有建造这么高的大厦的能耐，由此他产生了学习建筑的理想。

但是宾夕法尼亚大学以图画讲解古典建筑理论的教学方式使贝聿铭大失所望，他便转学到麻省理工学院，并于 1939 年以优异的成绩毕业，还得了美国建筑师协会的奖项。第二次世界大战爆发后，他在美国空军服役三年，1944 年退役，进入著名高等学府哈佛大学攻读硕士学位。1945 年学成，留校受聘为设计研究所助理教授。

贝聿铭从纯学术的象牙之塔进入实际的建筑领域是在 1948 年。这一年，纽约市极有眼光和魄力的房地产开发富商威廉柴根道夫打破美国建筑界的惯例，首次聘用中国人贝聿铭为建筑师，担任他创办的韦伯纳普建筑公司的建筑研究部主任。柴根道夫和贝聿铭，一个是有经验、有口才、极其聪明的房地产建筑商人，一个是学有专长、极富创造力的建筑师。两人配合，相得益彰，是一对事业上的理想搭档。他们合作达 12 年之久。12 年中，贝聿铭为柴根道夫的房地产公司完成了许多商业及住宅群的设计，也做不少社会改建计划。其间，贝聿铭还为母校麻省理工学院设计了科学大楼，为纽约大学设计了两栋教职员工住宅大厦。这一切，使贝聿铭在美国建筑界初露头角，也奠定了他此后数十年的事业基础。

1960 年，贝聿铭离开柴根道夫，自立门户，成立了自己的建筑公司。

他在建筑设计中最为人们称道的，是关心平民的利益。他在纽约、费城、克利夫兰和芝加哥等地设计了许多既有建筑美感又经济实用的大众化的公寓。他在费城设计的三层社会公寓就很受工薪阶层的欢迎。因此，费城莱斯大学在 1963 年颁赠他"人民建筑师"的光荣称号。同年，美国建筑学会向他颁发了纽约荣誉奖。《华盛顿邮报》称他的建筑设计是真正为人民服务的都市计划。

在他的建筑公司业务蒸蒸日上之际，他设计的主力逐渐从都市改建和重建计划逐步转移到巨型公共建筑物的设计。20世纪60年代建于科罗拉多州高山上的"全国大气层研究中心"可以说是他从事公共建筑物设计的开始。该"中心"始建于1961年，1967年落成。它的外形简朴浑厚，塔楼式的屋顶使建筑物本身像巍峨的山峰，与周围的环境色彩相调和。美国《新闻周刊》曾刊登它的照片，称贝聿铭的设计是"突破性的设计"。

贝聿铭早期的作品有密斯的影子，不过他不像密斯以玻璃为主要建材，而是采用混凝土，如纽约富兰克林国家银行、镇心广场住宅区、夏威夷东西文化中心。到了中期，历练累积了多年的经验，贝聿铭充分掌握了混凝土的性质，作品趋向于柯比意式的雕塑感，其中，全国大气研究中心、达拉斯市政厅等皆属此方面的经典之作。贝聿铭摆脱密斯风格当以甘乃迪纪念图书馆为滥觞，他用几何性的平面取代规规矩矩的方盒子，蜕变出雕塑性的造型。后来，贝聿铭身为齐氏威奈公司专属建筑师，有机会从事大尺度的都市建设案。贝聿铭从这些开发案获得对土地使用的宝贵经验，使得他的建筑设计不单考虑建筑物本身，更将环境提升到都市设计的层面，着重创造社区意识与社区空间，其中最脍炙人口的当属费城社会岭住宅社区一案，而他们所接受的案子多以办公大楼与集合住宅为主。贝聿铭后来取得齐氏集团的协议，于1955年将建筑部门改组为贝聿铭建筑师事务所，开始独立执业。事务所共从事过114件设计案，其中66件是贝聿铭负责。

建筑融合自然的空间观念，主导着贝聿铭一生的作品，如全国大气研究中心、伊弗森美术馆、狄莫伊艺术中心雕塑馆与康乃尔大学姜森美术馆等。这些作品的共同点是内庭，内庭将内外空间串联，使自然融于建筑。到晚期，内庭依然是贝聿铭作品不可或缺的元素之一，唯在手法上更着重于自然光的投入，使内庭成为光庭，如北京香山饭店的常春厅、纽约阿孟科IBM公司的入口大厅、香港中国银行的中庭、纽约赛奈医院古根汉馆、巴黎卢浮宫的玻璃金字塔与比华利山庄创意艺人经济中心等。光与空间的结合，使得空间变化万端，"让光线来作设计"是贝氏的名言。

身为现代主义建筑大师，贝聿铭的建筑物40余年来始终秉持着现代建筑的传统，贝聿铭坚信建筑不是流行风尚，不可能时刻变花招取宠，而是千秋大业，要对社会历史负责。他持续地对形式、空间、建材与技术研究探讨，使作品更具多样性，更优秀。他从不为自己的设计辩说，从不自己执笔阐释解析作品观念，他认为建筑物本身就是最佳的宣言。贝聿铭个人所获的重要奖项包括1979年美国建筑学会金奖、1981年法国建筑学金奖、1989年日本帝赏奖、1983年第五届普利兹克奖及1988年里根总统颁予的自由奖章等。

第3章 土木工程材料

3.1 土木工程材料概述

土木工程中所用的各种材料及其制品统称为土木工程材料。一幢建筑物从主体结构到每一个细部和构件都是由各种建筑材料经过设计、施工而成的。正确选择和合理使用土木工程材料，对土木工程建（构）筑物的安全、美观、耐久性及造价有着重大意义。

土木工程材料的种类众多：按基本成分分类，分为金属材料和非金属材料两大类，金属材料包括黑色金属（钢、铁）与有色金属，非金属材料按其化学成分分为有机材料和无机材料；按功能分类，可分为结构材料（承受荷载作用的材料，如基础、柱、梁所用的材料）和功能材料（具有其他功能的材料，如起围护作用的材料、起防水作用的材料、起装饰作用的材料、起保温隔热作用的材料等）；按用途分类，则分为建筑结构材料、桥梁结构材料、水工结构材料、路面结构材料、建筑墙体材料、建筑装饰材料、建筑防水材料、建筑保温材料等。工程中常见的材料分类见表3-1。

表3-1 土木工程材料的分类

金属材料		黑色金属	铁、钢	
		有色金属	铝、铜及其合金等	
非金属材料	无机材料	天然石材	花岗岩、石灰岩、大理石等	
		烧土制品	砖瓦、陶瓷、玻璃等	
		胶凝材料	气硬性胶凝材料	石灰、石膏、水玻璃等
			水硬性胶凝材料	水泥
	有机材料	植物材料	木材、竹材等	
		沥青材料	石油材料、煤沥青及其制品	
		高分子材料	塑料、涂料、黏剂、合成橡胶等	
复合材料		钢筋混凝土、聚合物混凝土、玻璃钢、纸面或纤维石膏板等		

土木工程材料是随着人类社会生产力和科学技术水平的提高而逐步发展起来的。我国众多著名的建筑物都能说明我国土木工程材料尤其是天然石料、砖瓦、木材、油漆和黏结材料的生产和应用都达到了很高的水平。

3.2 土木工程材料的基本性质

3.2.1 材料物理性质的基本参数

建筑材料的基本物理性质是表示材料与其质量、构造状态有关的物理状态参数。

1. 材料的密度、表观密度、堆积密度

（1）密度。

定义：材料的密度是指材料在绝对密实状态下单位体积的质量，即材料的质量与材料在绝对密实状态下的体积之比。

计算公式：

$$\rho = \frac{m}{V}$$

式中　ρ——材料的密度（g/cm^3）；

　　　m——材料的质量（干燥至恒重，g）；

　　　V——材料在绝对密实状态下的体积（cm^3）。

（2）表观密度。

定义：材料的表观密度是指材料在自然状态下单位体积的质量，即材料的质量与材料在自然状态下的体积之比。

计算公式：

$$\rho_0 = \frac{m}{V_0}$$

式中　ρ_0——材料的表观密度（kg/m^3 或 g/cm^3）；

　　　m——材料的质量（干燥至恒重，kg 或 g），

　　　V_0——材料在自然状态下的体积或表观体积（m^3 或 cm^3）。

自然状态下的体积：包括材料实体体积和内部孔隙（闭口和开口）的外观几何形状的体积（图 3-1）。

测定方法：材料在包含孔隙条件下的体积可采用排液置换法或水中称重法测量。

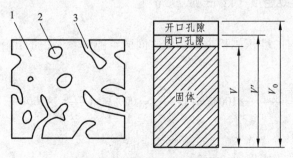

图 3-1　自然状态下体积示意图

1—固体；2—闭口孔隙；3—开口孔隙

（3）堆积密度。

定义：粉状或粒状材料在堆积状态下单位体积的质量（图3-2）。

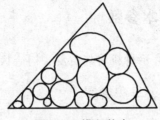

图 3-2　堆积状态

计算公式：

$$\rho_0' = \frac{m}{V_0'}$$

式中　ρ_0'——材料的堆积密度（kg/m³）；

　　　m—— 材料的质量（kg）；

　　　V_0'——材料的堆积体积（m³）。

材料的堆积密度包含了材料固体物质体积、材料内部的孔隙体积和散粒材料之间的空隙体积。

2．孔隙率和空隙率

（1）孔隙率。

定义：材料的孔隙体积占表观体积的百分比。

计算公式：

$$P = \frac{V_0 - V}{V_0} \times 100\% = \left(1 - \frac{V}{V_0}\right) \times 100\% = \left(1 - \frac{\rho_0}{\rho}\right) \times 100\%$$

式中　P——材料孔隙率（%）；

　　　V——材料在绝对密实状态下的体积（m³ 或 cm³）。

　　　V_0——材料在自然状态下的体积或表观体积（m³ 或 cm³）；

　　　ρ——材料的密度（kg/m³ 或 g/cm³）；

　　　ρ_0——材料的表观密度（kg/m³ 或 g/cm³）。

（2）空隙率。

定义：在散粒材料的堆积体积中，颗粒之间的空隙体积所占的比例。

计算公式：

$$P' = \frac{V_0' - V_0}{V_0'} \times 100\% = \left(1 - \frac{V_0}{V_0'}\right) \times 100\% = \left(1 - \frac{\rho_0'}{\rho}\right) \times 100\%$$

式中　P'——材料空隙率（%）；

　　　ρ_0'——材料的堆积密度（kg/m³）；

　　　V_0'——材料的堆积体积（m³）。

常用建筑材料的密度、表观密度和堆积密度见表 3-2。

表 3-2　常用建筑材料的密度、表观密度和堆积密度

材料名称	密度（g/cm³）	表观密度（g/cm³）	堆积密度（g/cm³）
钢	7.85	7.85	
花岗岩	2.80	2.50～2.90	
碎石（石灰石）		2.65	1.40～1.70
砂		2.63	1.45～1.70
黏　土		2.60	1.60～1.80
水　泥	3.10		1.10～1.30
烧结普通砖	2.70	1.60～1.90	
烧结空心砖（多孔砖）	2.70	0.80～1.48	
红松木	1.55	0.40～0.80	
泡沫塑料		0.02～0.05	
玻　璃	2.55		
普通混凝土		2.10～2.60	

3.2.2　材料的力学性质

材料的化学性质指材料在外力作用下所引起的变化的性质。这些变化包括材料的变形和破坏。材料的变形指在外力的作用下，材料通过形状的改变来吸收能量的过程。根据变形的特点，材料变形分为弹性变形和塑性变形。材料的破坏指当外力超过材料的承受极限时，材料出现断裂等丧失使用功能的变化。根据破坏形式的不同，材料可分为脆性材料和韧性材料。

1．材料的强度

材料抵抗在应力作用下破坏的性能称为强度。强度通常以材料的强度极限表示。根据外力作用形式的不同，材料的强度有抗压强度、抗拉强度、抗弯强度及抗剪强度等，如图 3-3 所示。

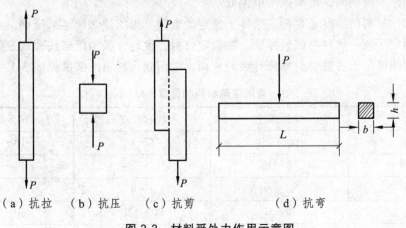

（a）抗拉　（b）抗压　（c）抗剪　　　（d）抗弯

图 3-3　材料受外力作用示意图

材料的抗拉、抗压、抗剪强度可按下式进行计算：

$$f = \frac{P}{A}$$

式中　f——抗拉、抗压、抗剪强度（MPa）；

　　　P——材料受拉、压、剪破坏时的荷载（N）；

　　　A——材料的受力面积（mm²）。

材料的抗弯强度（抗折强度）与材料受力情况有关。试验时，将试件放在两支点上，中间作用一集中力，对矩形截面的试件，其抗弯强度可按下式进行计算：

$$f_{\mathrm{m}} = \frac{3PL}{2bh^2}$$

式中　f_{m}——材料的抗弯强度（MPa）；

　　　P——材料受弯时的破坏荷载（N）；

　　　L——试件受弯时两支点的间距（mm）；

　　　b, h——材料截面宽度、高度（mm）。

材料强度的影响因素：

（1）材料的强度与其组成及结构有关，即使材料的组成相同，其构造不同，强度也不一样。

材料的孔隙率愈大，则强度愈小。对于同一品种的材料，其强度与孔隙率之间存在近似直线的反比关系。一般体积密度大的材料，强度也大。

晶体结构的材料，其强度还与晶粒粗细有关，其中细晶粒的强度高。玻璃原是脆性材料，抗拉强度很小，但当制成玻璃纤维后，则成了很好的抗拉材料。

（2）材料的强度还与其含水状态及温度有关。

含有水分的材料，其强度较干燥时为低。一般温度升高时，材料的强度将降低，这对于沥青混凝土尤为明显。

（3）材料的强度与其测试所用的试件形状、尺寸有关，也与试验时加荷速度及试件表面性状有关。相同材料采用小试件测得的强度较大试件高；加荷速度快者强度值偏高；试件表面不平或表面涂润滑剂时，所测强度值偏低。

由此可知，材料的强度是在特定条件下测定的数值。为了使试验结果准确，且具有可比性，各国都制定了统一的材料试验标准。在测定材料强度时，必须严格按照规定的试验方法进行。材料的强度是大多数材料划分等级的依据。常用建筑材料的强度见表3-3。

表 3-3　常用建筑材料的强度（MPa）

材料	抗压强度	抗拉强度	抗弯强度
花岗岩	100～250	5～8	10～140
烧结普通砖	10～30	—	—
普通混凝土	7.5～60	1～4	—
松木（顺纹）	30～50	80～120	60～100
建筑钢材	235～1 600	235～1 600	—

2. 材料的弹性与塑性

材料在外力作用下产生变形，当外力去除后能完全恢复到原始形状的性质称为弹性。材料的这种可恢复的变形称为弹性变形，弹性变形属可逆变形。材料在弹性变形范围内，E 为常数，其值可用应力 σ 与应变 ε 之比表示，即

$$E = \frac{\sigma}{\varepsilon} = 常数$$

材料在外力作用下产生变形，当外力去除后，有一部分变形不能恢复，这种性质称为材料的塑性，这种不能恢复的变形称为塑性变形，塑性变形为不可逆变形。实际上，纯弹性变形的材料是没有的，通常一些材料在受力不大时，表现为弹性变形，而当外力达一定值时，则呈现塑性变形，如低碳钢就是典型的这种材料。另外，许多材料在受力时，弹性变形和塑性变形同时发生，这种材料当外力去除后，弹性变形会恢复，而塑性变形不能消失。

3. 材料的脆性和韧性

材料受外力作用，当外力达一定值时，材料发生突然破坏，且破坏时无明显的塑性变形，这种性质称为脆性，具有这种性质的材料称为脆性材料。脆性材料的抗压强度远大于其抗拉强度，可高达数倍甚至数十倍，所以脆性材料不能承受振动和冲击荷载，也不宜用于受拉部位，只适用于作承压构件。建筑材料中大部分无机非金属材料均为脆性材料，如天然岩石、陶瓷、玻璃、普通混凝土等。

材料在冲击或振动荷载作用下，能吸收较大的能量，同时产生较大的变形而不破坏的性质称为韧性。在建筑工程中，对于要求承受冲击荷载和有抗震要求的结构，如吊车梁、桥梁、路面等所用的材料，均应具有较高的韧性。常用建筑材料中建筑钢材、木材属于韧性材料。

4. 材料的耐久性

耐久性是指材料在长期使用环境中，在多种破坏因素作用下保持原有性能不被破坏的能力。

建筑物、构筑物不同部位所用各种材料，不仅要受到各种外荷载的作用，同时还会受周围环境的各种自然因素的影响，如物理、化学及生物等方面的作用。这些因素的破坏作用往往是复杂多变的，或单独或交叉地作用于材料。

材料的耐久性是一项综合的技术性质，它包括抗渗性、抗冻性、抗风化性、耐热性、耐蚀性、抗老化性以及耐磨性等各方面的内容。

提高材料的耐久性具有重要的经济意义和实际意义。应用耐久性好的材料，虽会提高原材料的价格，施工的难度也可能会增加，但因材料的使用寿命长，建筑物的有效使用寿命也相应延长，且在使用过程中各项维修费用低、利用率高、收益大，最终使整体建筑的综合费用下降，可以获得明显的综合经济效益。

3.3 土木工程常用材料

3.3.1 水　泥

水泥是一种呈粉末状的胶凝材料，应用极其广泛。水泥与适量的水混合后，经过一系列物理化学过程能由可塑性浆体变成坚硬的石状体，并能将散粒状材料胶结成为整体。

水泥的生产是从 1824 年开始的，它的使用标志着建筑发展史迈入新纪元。我国于 1876 年在河北唐山建立了第一家水泥厂——启新洋灰公司，正式生产水泥，年产水泥 4 万吨。1949 年，我国生产水泥 66 万吨，水泥品种只有一个。2003 年，我国水泥品种有数十个，年产量已经突破 8 亿吨，位居世界首位。

水泥是重要的建筑材料，广泛应用于工业、农业、国防、水利、交通、城市建设、海洋工程等的基本建设中，现已成为任何建筑工程都离不开的建筑材料。

建筑工程中使用最多的水泥为硅酸盐类水泥，属于通用水泥。通用水泥按其所掺混合材料的种类和数量不同，有硅酸盐水泥、普通硅酸盐水泥（简称普通水泥）、矿渣硅酸盐水泥（简称矿渣水泥）、火山灰硅酸盐水泥（简称火山灰水泥）、粉煤灰硅酸盐水泥（简称粉煤灰水泥）和复合硅酸盐水泥（简称复合水泥）等，统称为六大水泥。

1. 硅酸盐水泥

硅酸盐水泥也称波特兰水泥。其凝结硬化过程，按水化反应速度和水泥浆体结构的变化特征，可分为四个阶段：

（1）初始反应期。

水泥加水拌和成水泥浆的同时，水泥颗粒表面上的熟料矿物立即溶于水，并与水发生水化反应。初始反应常伴有放热反应，时间很短，仅 5～10 min。水化物生成的速度很快，来不及扩散，便附着在水泥颗粒表面，形成膜层。膜层以水化硅酸钙凝胶为主体，其中分布着氢氧化钙等晶体，所以，通常称之为凝胶体膜层。凝胶体膜层的形成，妨碍水泥的水化。

（2）潜伏期。

初始反应以后，由于凝胶体膜层的形成，水化反应和放热速度缓慢。在一段时间（约 30 min 至 1 h）内，水泥颗粒仍是分散的，水泥浆的流动性基本保持不变，此即潜伏期。

（3）凝结期。

经过 1～6 h，放热速度加快，并达到最大值，说明水泥继续加速水化。原因是凝胶体膜层虽然妨碍水分渗入，使水化速度减慢，但它是半透膜，水分向膜层内渗透的速度，大于膜层内水化物向外扩散的速度，因而产生渗透压，导致膜层破裂，使水泥颗粒得以继续水化。

由于水化物的增多和凝胶体膜层的增厚，被膜层包裹的水泥颗粒逐渐接近，以致在接触点互相黏结，形成网状结构，水泥浆体变稠，失去可塑性，这就是凝结过程。

（4）硬化期。

由于水泥颗粒之间的空隙逐渐缩小为毛细孔，水化生成物进一步填充毛细孔，毛细孔越来越少，使水泥浆体结构更加紧密，逐渐产生强度。在适宜的温度和湿度条件下，水泥强度可继续增长（6 h 至若干年），此即硬化阶段。

2. 其他品种的水泥

（1）白色硅酸盐水泥。

凡将适当成分的生料烧至部分熔融，所得以硅酸钙为主要成分、氧化铁含量很少的白色硅酸盐水泥熟料，再加入适量石膏，共同磨细制成的水硬性胶凝材料，称为白色硅酸盐水泥，简称白水泥。

白水泥与硅酸盐水泥的区别在于，白水泥熟料中氧化铁的含量限制在 0.5% 以下，其他着色氧化物（氧化锰、氧化钛等）含量降至极微。白水泥中铁含量只有普通水泥的 1/10 左右，如表 3-4 所示。

表 3-4　水泥中含铁量与水泥颜色的关系

铁含量（%）	3～4	0.45～0.7	0.35～0.4
水泥颜色	暗灰色	淡绿色	白色

（2）彩色硅酸盐水泥。

白色硅酸盐水泥熟料与适量的石膏和耐碱矿物颜料共同磨细即成彩色硅酸盐水泥，简称彩色水泥。常用的耐碱矿物颜料有氧化铁（红、黄、褐、黑等色）、氧化锰（黑、褐色）、氧化铬（绿色）等。

白色及彩色水泥主要用于在建筑装修工程中配制彩色水泥浆、彩色砂浆、装饰混凝土，以及制造各种色彩的水刷石、人造大理石及水磨石等制品。

（3）快硬高强水泥。

高强、早强混凝土在土木工程中的应用量日益增加，高早强水泥的品种与产量也随之增多。目前，我国快硬、高强水泥已有 5 个系列，近 10 个品种，是世界上少有的品种齐全的国家之一。

① 快硬硅酸盐水泥。

凡以硅酸钙为主要成分的水泥熟料，加入适量石膏，经磨细制成的具有早期强度增进率较快的水硬性胶凝材料，称快硬硅酸盐水泥，简称快硬水泥。

快硬硅酸盐水泥的早期、后期强度均高，抗渗性和抗冻性也高，水化热大，但耐腐蚀性差，适用于早强、高强混凝土工程，以及紧急抢修工程和冬期施工等工程。快硬硅酸盐水泥不得用于大体积混凝土工程和与腐蚀介质接触的混凝土工程。

② 快硬硫铝酸盐水泥。

以适当成分的生料，烧成以无水硫铝酸钙 $[3(CaO \cdot Al_2O_3) \cdot CaSO_4]$ 和 β 型硅酸二钙为主要矿物成分的熟料，加入适量石膏磨细制成的水硬性胶凝材料，称为快硬硫铝酸盐水泥。

快硬硫铝酸盐水泥具有快凝、早强、不收缩的特点，可用于配制早强、抗渗和抗硫酸盐侵蚀的混凝土，适用于负温施工（冬季施工），浆锚、喷锚支护，抢修、堵漏，水泥制品及一般建筑工程。

这种水泥的碱度较低，用于玻璃纤维增强水泥制品，可防止玻璃纤维腐蚀。

③ 膨胀水泥。

一般硅酸盐类水泥在空气中硬化时，通常都表现为收缩，常导致混凝土内部产生微裂缝，降低了混凝土的耐久性；在浇注构件的节点、堵塞孔洞、修补缝隙时，由于水泥石的干缩，也不能达到预期的效果。膨胀水泥在硬化过程中能产生一定体积的膨胀，采用膨胀水泥配制混凝土，能克服或改善一般水泥的上述缺点，解决由于收缩带来的不利后果。

膨胀水泥适用于补偿混凝土收缩的结构工程，作防渗层或防渗混凝土，填灌构件的接缝及管道接头，用于结构的加固与修补，固结机器底座及地脚螺丝，等。

通用硅酸盐水泥主要特性及选用见表 3-5。

表 3-5　通用硅酸盐水泥主要特性及选用

名　称	硅酸盐水泥	普通水泥	矿渣水泥	粉煤灰水泥
主要特性	1. 快硬早强； 2. 水化热高； 3. 耐冻性好； 4. 耐热性差； 5. 耐腐蚀性差	1. 早强； 2. 水化热较高； 3. 耐冻性较好； 4. 耐热性较差； 5. 耐腐蚀性较差	1. 早期强度低，后期强度增长较快； 2. 水化热较低； 3. 耐热性较好； 4. 对硫酸盐类侵蚀抵抗力和抗水性较好； 5. 抗冻性较差	1. 早期强度低，后期强度增长较快； 2. 水化热较低； 3. 耐热性较差； 4. 对硫酸盐类侵蚀抵抗力和抗水性较好； 5. 抗冻性较差
适用范围	1. 适用快硬早强工程； 2. 配制高强度等级混凝土	1. 制造地上、地下及水中的混凝土、钢筋混凝土及预应力混凝土结构，包括受循环冻融的结构及早期强度要求较高的工程； 2. 配制建筑砂浆	1. 大体积工程； 2. 配制耐热混凝土； 3. 蒸汽养护的构件； 4. 一般地上、地下和水中的混凝土及钢筋混凝土结构； 5. 配制建筑砂浆	1. 地上、地下、水中和大体积混凝土工程； 2. 蒸汽养护的构件； 3. 一般混凝土工程； 4. 配制建筑砂浆

3.3.2　混凝土

混凝土是由胶凝材料和粗、细集料（或称骨料）以及必要时加入的水、外加剂和矿物掺合料按适当比例配合、拌制成混合物，经一定成型工艺，再经硬化而成的人造石材，又名"砼"。

混凝土作为一种重要的建筑材料，主要原因是其原材料丰富，经久耐用，节省能源，价格较金属、塑料和木材都便宜。混凝土这种材料具有优越的技术性能及良好的经济效益。其主要特点有：

（1）原材料丰富，易于就地取材；混凝土能源消耗较少，成本也较低。

（2）配制灵活，适应性好。改变混凝土组成材料的品种及比例，可以调整其性能，从而满足不同工程要求。

（3）良好的可塑性，可以现浇或预制成任何形状及尺寸的整体结构或构件。

（4）抗压强度高。硬化后的混凝土抗压强度一般为 20 ~ 40 MPa，最高可为 80 ~ 100 MPa，适于做建筑结构材料。

（5）与钢筋有牢固的黏结力，且混凝土与钢筋的线膨胀系数基本相同，二者复合成钢筋混凝土后，能够共同工作，以弥补混凝土抗拉及抗折强度低的缺点，使混凝土能适用于各种工程结构。

（6）良好的耐久性。按合理的方法配制的混凝土，具有良好的抗冻性、抗风化及耐腐蚀的性能，比木材、钢材等材料更耐久，维护费用低。

（7）耐火性好。普通混凝土的耐火性远比木材、钢材和塑料好，可耐数小时的高温作用而仍保持其力学性能，有利于火灾发生时扑救。

（8）表面可做成各种花饰，具有一定的装饰效果。

（9）对环境保护有利。混凝土可以充分利用大量工业废料如矿渣、粉煤灰等，减轻了环境污染。

混凝土不足之处主要为：自重大，比强度小，抗拉强度低，易开裂，属于脆性材料，导热系数大，硬化较慢，生产周期长。同时，混凝土在配制及施工过程中，影响其质量的因素较多，需要进行严格的控制。但随着现代混凝土科学技术的发展，混凝土的不足之处已经得到很大改进。

正是由于混凝土具有以上突出的特点，因而才能在现代土木建筑工程如工业与民用建筑工程、给水与排水工程、水利与水电工程、地下工程、公路、铁路、桥梁以及国防工程中得到广泛应用。

目前，世界上混凝土年产量在 60 亿吨以上，为用量最大的建筑工程材料，其中应用最为普遍的是普通混凝土。

1. 普通混凝土的定义

普通混凝土又称为水泥混凝土，一般指以水泥为主要胶凝材料，与水、砂、石子，必要时掺入化学外加剂和矿物掺合料，按适当比例配合，经过均匀搅拌、密实成型及养护硬化而成的人造石材（通常简称混凝土）。

在混凝土中，水泥浆的作用是包裹集料表面并填满集料间的空隙，作为集料之间的润滑材料，使混凝土的拌合物具有流动性，并借助于水泥浆的凝结、硬化将粗、细集料胶结成整体。砂子称为细集料，主要去填充石子之间的空隙；石子为粗集料，又称为一级骨架，主要起支承作用。砂、石构成混凝土中坚硬的骨架，可承受外荷载作用，并兼有抑制水泥浆干缩的作用。混凝土的结构和组成材料如图 3-4 所示。

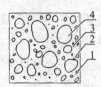

图 3-4　混凝土结构示意图
1—气泡；2—砂粒；3—水泥浆；4—石子

在混凝土的组成中，集料一般占混凝土体积的 70% ~ 80%，水泥石占 20% ~ 30%，其中尚含有少量的空气。除此之外，混凝土中还常掺入外加剂、掺合料，用以改善其某些性能。

2. 普通混凝土原材料的技术要求

（1）水泥。

水泥在混凝土中主要起胶结作用，是最重要的材料，同时又是混凝土各成分中价格最贵的材料。工程上配制普通混凝土的水泥品种主要为通用硅酸盐水泥，必要时，也可以选用特种水泥，其主要根据是混凝土工程的特点、所处环境、温度及施工条件等。

水泥强度等级的选择，应根据混凝土的强度要求来确定，使水泥强度等级与混凝土强度相适应。经验证明，一般水泥强度等级约为混凝土强度等级的 1.5～2.0 倍。若水泥强度等级过低，为满足强度要求必然使水泥用量过大，不够经济；若水泥强度等级过高，较少的水泥用量就可以满足混凝土强度的要求，但往往不能满足混凝土拌合物的和易性和混凝土耐久性的要求，为保证这些性质，还必须再增加水泥，因而也不经济。

（2）砂（细集料）。

混凝土用砂为 0.15～4.75 mm 粒径的细集料，化学成分为 SiO_2 者称为砂子。我国建筑用砂以天然砂为主，按产源分为天然砂、人工砂两类。

就天然砂而言，河砂颗粒圆滑，比较洁净，来源广；山砂与河砂相比有棱角，表面粗糙，但含泥量和含有机杂质较多；海砂虽然有河砂的优点，但常混有贝壳碎片和含较多盐分。一般工程上多使用河砂，如使用山砂和海砂应按技术要求进行检验。

人工砂是指经过除土处理的机制砂，为混合砂的统称。机制砂是由机械破碎、筛分制成的粒径小于 5 mm 的岩石颗粒，但不包括软质岩和风化岩石的颗粒。混合砂由机制砂和天然砂混合而成。近些年来，建筑业对砂石的需求日益增大，天然砂资源出现短缺，大量工程实践证明，使用人工砂在经济上是合理的，技术上是可靠的。

配制混凝土所用天然砂应符合《建筑用砂》（GB/T 14684—2011）标准的要求；所用人工砂应符合《人工砂应用技术规程》（DBJ/T 01-65—2002）标准的要求。

（3）石子（粗集料）。

粒径大于 4.75 mm 的集料称为粗集料。普通混凝土所用粗集料有卵石和碎石两种。

卵石是天然岩石经自然风化、水流搬运和分选、堆积形成的粒径大于 5 mm 的岩石颗粒，按其产源不同，可分为河卵石、海卵石和山卵石等几种。碎石由天然岩石或大的卵石经破碎、筛分而得。

与碎石比较，卵石表面光滑，少棱角，空隙率及表面积较小，拌制混凝土时需用水泥浆量较少，拌制的混凝土拌合物的和易性较好。但卵石与水泥石的黏结力较小，因此，在相同条件下，卵石混凝土的强度较碎石混凝土低。碎石与卵石各有特点，应本着就地取材的原则结合工程要求合理选用。

国家标准《建设用卵石、碎石》（GB/T 14685—2011）按卵石、碎石的技术要求将其分成三类。其中：Ⅰ类用于强度等级大于 C60 的混凝土；Ⅱ类用于强度等级为 C30～C60 及有抗渗、抗冻要求或有其他要求的混凝土；Ⅲ类则用于强度等级小于 C30 的混凝土。三类粗集料的针片状颗粒含量见表 3-6。

表 3-6　粗集料针片状颗粒含量

项　目	指　标		
	Ⅰ类	Ⅱ类	Ⅲ类
针片状颗粒（按质量计）/%，<	5	15	25

3. 普通混凝土的技术指标

由水泥、砂、石及水拌制成的混合料，称为混凝土拌合物，又称为新拌混凝土。混凝土拌合物必须具有良好的和易性，才能便于施工并制得密实而均匀的混凝土硬化体，从而保证混凝土质量。

（1）混凝土拌合物的和易性。

混凝土拌合物的和易性又称为混凝土的工作性，是指混凝土在搅拌、运输、浇筑、振捣等过程中易于操作，并能获得质量均匀、成型密实的混凝土的性能。可见，和易性是一项综合性能，它包括流动性、黏聚性和保水性等三方面的含义。

流动性，指混凝土拌合物在本身自重或振动机械振动力作用下产生流动并能均匀密实地填满模板的性能，直接影响施工时振捣的难易和成型的质量。

黏聚性，指混凝土中水泥浆与集料之间的黏结状况。黏结状况好，混凝土拌合物在运输、浇筑过程中不易发生分层和离析的现象，保持拌合物的整体、均匀。黏聚性差的混凝土拌合物中的石子容易与砂浆分离（离析），并出现分层现象，振实后的混凝土表面还会出现蜂窝、空洞等缺陷。

保水性，指混凝土拌合物在施工过程中能够保持一定的水分，不至于产生严重泌水的性能。

和易性是一项综合的技术性质，当前很难找到一种能全面反映拌合物和易性的测定方法。《普通混凝土拌合物性能试验方法标准》（GB/T 50080—2011）规定，混凝土拌合物的流动性可采取坍落度法和维勃稠度法测定。

（2）混凝土拌合物的强度。

强度是硬化混凝土最重要的技术性质，也是工程施工中控制和评定混凝土质量的主要指标。混凝土的强度分为抗压强度、抗拉强度、抗弯强度、抗剪强度和与钢筋的黏结强度等。其中以抗压强度最大，抗拉强度最小，所以，混凝土主要用来加工承受压力的构件。

普通混凝土强度等级用符号 C 与立方体抗压强度标准值（以 N/mm^2，即 MPa 计）来表示，共分为 C15、C20、C25、C30、C35、C40、C45、C50、C55、C60、C65、C70、C75、C80 共 14 个强度等级。

混凝土强度等级是混凝土结构设计时强度计算取值的依据。为了保证工程质量和节约水泥，设计时应根据建筑物的不同部位及承受荷载情况的不同，采用不同强度等级的混凝土。一般为：

C15 ~ C25 混凝土，适用于普通混凝土结构的梁、板、柱、楼梯及屋架等；

C25～C30 混凝土，适用于大跨度结构、耐久性要求较高的结构、预制构件等；

C30 以上混凝土，适用于预应力混凝土结构、吊车梁及特种结构等。

同时，混凝土强度等级还是混凝土施工中控制工程质量和工程验收时的重要依据。

（3）混凝土拌合物的变形性质。

混凝土在硬化后和使用过程中，受各种因素影响而产生变形，主要有化学收缩、干湿变形、温度变形及荷载作用下的变形等。这些变形是使混凝土产生裂缝的重要原因之一，直接影响混凝土的强度和耐久性。

化学收缩，指混凝土在硬化过程中，水泥水化产物的体积小于水化前反应物的体积，致使混凝土产生收缩。化学收缩是不能恢复的，收缩量随混凝土硬化龄期的延长而增加，一般在 40 d 后渐趋稳定。

干湿变形，指因混凝土中水分变化引起的混凝土的湿胀干缩。混凝土在水中硬化时，会产生微小膨胀，这是凝胶体中胶体粒子吸附水膜增厚，使胶体粒子间的距离增大所致。混凝土在干燥空气中硬化时，会产生干缩，这是因为混凝土内部吸附的水分蒸发会引起凝胶体紧缩，以及游离水分蒸发使毛细孔负压增大。已干缩的混凝土，如再次吸水变湿时，一部分干缩变形是可以恢复的。

温度变形，是指温度变化在结构中引起的变形。温度变形对大体积混凝土极为不利。混凝土在硬化初期，放出较多的水化热，当混凝土较厚时，散热缓慢，致使内外温差较大。因此，在计算大体积混凝土的温度应力及结构伸缩缝时，均需考虑温度膨胀系数。

混凝土在荷载作用下的变形，可分为：混凝土在短期荷载作用下的变形——弹塑性变形，以及混凝土在长期荷载作用下的变形——徐变。弹塑性变形指物体在外力施加的同时立即产生全部变形，而在外力解除的同时，只有部分变形立即消失，其余部分变形在外力解除后却永不消失的变形；而混凝土在持续荷载作用下，随时间增长的变形即为徐变，混凝土在持荷一定时间后，若卸除荷载，部分变形可瞬间恢复，也有少部分变形在若干天内逐渐恢复，称徐变恢复，最后留下不能恢复的变形为残余变形。

（4）混凝土拌合物的耐久性。

混凝土的耐久性是指混凝土构件在长期使用条件下抵抗各种破坏因素作用而保持其原有性能的性质。它是决定混凝土结构是否经久耐用的一项重要性能。在设计混凝土结构时，强度与耐久性必须同时考虑。耐久性良好的混凝土，对延长结构使用寿命、减少维修保养工作量、提高经济效益等具有十分重要的意义。耐久性研究内容包括抗渗性、抗冻性、抗侵蚀性、抗碳化性以及防止碱-集料反应等。

抗渗性是指混凝土抵抗水、油等液体的压力作用不渗透的性能，对有抗渗要求的混凝土是一项基本性能，此外，它还直接影响混凝土的抗冻性和抗侵蚀性。

抗冻性是指混凝土抵抗长期受冻融循环及干湿循环作用的能力。一定的抗冻性可以提高混凝土的耐久性。在混凝土中掺入引气剂可显著提高抗冻性。

混凝土所处的环境水有侵蚀性时，混凝土应具有一定的抗侵蚀能力。混凝土的抗侵蚀性取决于水泥品种及混凝土的密实性。密实度高及具有封闭孔隙的混凝土，环境水不易浸入，所以抗侵蚀性好。

碳化，指空气中的二氧化碳气体渗透到混凝土内，与混凝土中氢氢化钙起化学反应后生成碳酸钙和水，使混凝土碱度降低的过程，此过程称为混凝土的碳化，又称作中性化。

3.3.3　建筑钢材

所谓钢，系指含碳量在 2.11%以下的铁、碳合金。建筑钢材是指建筑工程中所用的各种钢材，包括钢结构用的各种型钢（圆钢、角钢、槽钢和工字钢）、钢板和钢筋混凝土中用的各种钢筋和钢丝等。钢材在建筑业中的使用相当广泛，除了用于钢筋混凝土和钢结构之外，还大量用作门窗和建筑五金等。钢材、水泥和木材，被称为建筑上的"三材"。

1. 钢材的特点

（1）强度高。表现为抗拉、抗压、抗弯及抗剪强度都很高，在建筑中可用作各种构件。在钢筋混凝土中，钢筋能弥补混凝土抗拉、抗弯、抗剪和抗裂性能较低的缺点。

（2）塑性好。在常温下钢材能承受较大的塑性变形。钢材能承受冷弯、冷拉、冷拔、冷轧、冷冲压等各种冷加工。冷加工能改变钢材的断面尺寸及形状，并改变钢材的性能。

（3）质地均匀，性能可靠。钢材性能的利用效率比其他非金属材料要高很多。若对钢材进行热处理，尚可根据所需要的性能进行改性。

2. 钢材的主要性能

钢材的性能可分为两类：一类叫使用性能，即钢材在使用过程中所反映出来的性能，包括力学性能、物理性能、化学性能等；另一类为工艺性能，即钢材在加工制造过程中所表现出来的性能，如焊接性能、冷加工性能和热处理性能等。掌握钢材的性能，才能做到正确、经济、合理地选用钢材。

（1）强度。

在外力作用下，材料抵抗塑性变形或断裂的能力叫强度。抗拉强度是建筑钢材最主要的技术性能。建筑钢材的抗拉强度包括：弹性极限、屈服强度、极限抗拉强度、疲劳强度。

抗拉性能是建筑钢材的重要性能，由拉力试验机测出的屈服强度、抗拉强度和断后伸长率是钢材的重要技术指标。

钢材被拉伸的过程能明显地划分为弹性阶段、屈服阶段、强化阶段和颈缩阶段等四个阶段。

弹性阶段反映钢材的弹性。若去掉拉力，试样能恢复原状，这种性能称为弹性，产生的应力为弹性极限。钢材受拉超过弹性极限，去掉外力后试样变形也不能完全消失，表明已经出现了塑性受形，到达了屈服阶段。拉伸力不再增加，试样继续伸长时的应力称为屈服强度。

试样在外力作用下达到屈服强度以后，变形迅速增加，尽管还没有破坏，但已经不能满足使用要求，所以，设计时都以屈服强度作为强度取值的依据。

从图 3-5 看出，试样在屈服强度以后，抗塑性变形的能力又重新提高。这种现象称为钢材的强化。当曲线达到最高点 m 以后，试样薄弱处急剧缩小，塑性变形迅速增加，产生"颈缩现象"（图 3-6）直至拉断。试样拉断后所对应的应力称为抗拉强度。

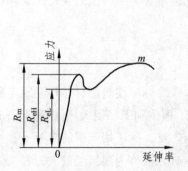

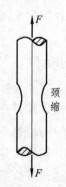

图 3-5　低碳钢拉伸过程中拉伸曲线图　　　　图 3-6　颈缩现象示意图

（2）塑性。

钢的塑性是指在外力作用下钢破坏前产生塑性变形的能力。产生的塑性变形愈大，表明钢的塑性愈好。钢的塑性大小，通常用拉伸断裂时的伸长率来表示（图 3-7）。

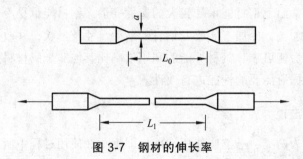

图 3-7　钢材的伸长率

将拉断的钢材拼合后，测出标距部分的长度，便可按下式求得其伸长率 δ：

$$\delta = (L_1 - L_0) / L_0 \times 100\%$$

式中　L_0——试件原始标距长度（mm）；

　　　L_1——试件拉断后标距部分的长度（mm）。

伸长率反映了钢材塑性大小情况，在工程中具有重要意义。伸长率的数值越大，表明钢的塑性越大。建筑用钢要求具有良好的塑性，其值一般不得低于有关规范规定值。塑性过大，钢质软，结构塑性变形大，影响使用。塑性过小，钢质硬脆，超载后易断裂破坏。塑性良好的钢材，偶尔超载、产生塑性变形，会使内部应力重新分布，不致由于应力集中而发生脆断。

（3）冲击韧性。

冲击韧性是指钢材在冲击荷载作用下，抵抗破坏的性能。建筑物中重要的钢结构及使用时承受动荷载作用的构件，特别是处在低温条件下，要求钢材具有一定的冲击韧性。

钢材的冲击韧性根据标准试件（中部加工有 V 形或 U 形缺口）在摆锤式冲击试验机（图 3-8）上进行冲击弯曲试验后确定。试件缺口处受冲击破坏后，缺口底部处单位面积上所消耗的功，即为冲击韧性指标。

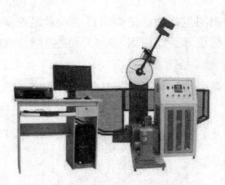

图 3-8　摆锤式冲击试验机

（4）冷弯性能。

建筑工程施工过程中常要求将钢筋、钢板及其他型材弯曲成所需要的形状、角度，冷弯性能即指钢材在常温条件下承受弯曲变形的能力。

冷弯与伸长率虽然都能表示钢材在静荷载作用下的塑性性能，但冷弯所反映的是钢材处于不利变形时的塑性，故冷弯试验更能够暴露出钢材内部的某些缺陷，如气孔、杂质、裂纹以及严重偏析等。冷弯性能指标不仅是对钢材加工性能的要求，而且也是评定钢材质量的综合指标，如热轧钢筋质量检测时冷弯工艺即是必须合格的四项技术指标之一。

（5）焊接性能。

建筑工程中，无论是钢结构的组合还是钢筋骨架、接头、预埋件的连接等，绝大多数都是采用焊接工艺加工的。焊接连接是钢结构的主要连接方式，因此，建筑钢材应具有良好的可焊接性能（简称可焊性）。

3. 钢材的分类

目前，国内钢结构用钢的品种主要是碳素结构钢和低合金高强度结构钢。碳素结构钢又包括普通碳素结构钢和优质碳素结构钢。

（1）普通碳素结构钢。

国家标准《碳素结构钢》（GB/T 700—2006）规定钢的牌号由代表屈服强屈的字母、屈服强度数值、质量等级符号、脱氧方法符号 4 个部分按顺序组成，例如 Q235AF。

Q 表示钢材屈服强度"屈"字汉语拼音首位字母，屈服点数值共分 195 MPa、215 MPa、235 MPa、255 MPa 和 275 MPa 五种；

A、B、C、D 分别为钢材的质量等级，以硫、磷等杂质含量由多到少划分；

F 为沸腾钢中"沸"字汉语拼音首位字母；

Z 为镇静钢中"镇"字汉语拼音首位字母，TZ 为特殊镇静钢中"特镇"两字汉语拼音首位字母，在牌号组成表示方法中，"Z"与"TZ"符号可以省略。

示例钢号应解释为：碳素结构钢屈服强度为 235 MPa、质量等级为 A 级的沸腾钢。

（2）低合金高强度结构钢。

为了改善钢的组织结构，提高钢的各项技术性能，而向钢中有意加入某些合金元素，称为合金化。含有合金元素的钢就是合金钢。合金化是强化建筑钢材的重要途径之一。

我国低合金高强度结构钢的生产特点是：在普通碳素钢的基础上，加入少量我国富有的合金元素，如硅、钒、钛、稀土等，以使钢材获得强度与综合性能的明显改善，或使其成为具有某些特殊性能的钢种。

根据国家标准《低合金高强度结构钢》(GB 1591—2008)的规定，低合金高强度结构钢的牌号，由代表屈服点的汉语拼音字母(Q)、屈服点数值(三位阿拉伯数字)、质量等级符号(分A、B、C、D、E五级)三个部分依次组成，如写作Q295A、Q345D、Q460E等。

4. 钢结构用钢的品种

(1)型钢。

工业建筑中的主要承重结构及辅助结构，大型公共建筑中的轻钢结构，近年来出现的网架、排架等，都大量地应用各种规格的型钢如工字钢、槽钢、角钢(等边和不等边角钢)、T型钢、H型钢和Z型钢等，见图3-9。

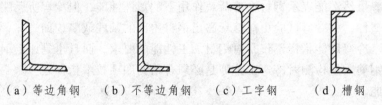

　(a)等边角钢　　(b)不等边角钢　　(c)工字钢　　(d)槽钢

图3-9　角钢、工字钢和槽钢的截面形状

国家供建筑使用的热轧型钢主要采用碳素结构钢Q235A，这种钢材冶炼容易，成本较低，且塑性、可焊性也较好，适于钢结构工程中使用。

(2)钢板。

钢板是用轧制方法生产的、宽厚比很大的矩形板状钢材。

钢板按轧制方法(温度)不同分为热轧板和冷轧板；按厚度不同，热轧钢板分为厚板(厚度大于4 mm)和薄板(厚度为0.35～4 mm)；冷轧钢板只有面板一种(厚度为0.2～4 mm)。热轧薄钢板表面可作镀层处理(镀锌)，俗称白铁皮；也可不作镀层处理，俗称黑铁皮。

厚钢板可用作焊接结构；薄钢板可用作屋面或墙面等的围护结构或作涂层制品的原材料或制作压型钢板。

薄钢板上施以瓷质釉料，烧制后就成搪瓷。在建筑中，搪瓷用来代替陶瓷制品，作为浴缸、洗脸池、洗涤槽、水箱等，有时也可用来代替陶瓷墙面砖作为覆面及装饰材料。

薄钢板上敷以塑料薄层，即成涂料钢板。涂料钢板有良好的防锈、防水、耐腐蚀和装饰的性能，可用作屋面板、墙板、排气及通风管道等。

薄钢板经弯曲、冷冲压可制成波形、双曲形和V形等形状的压型钢板，可用于围护结构、楼板和屋面等。

建筑工程中所用钢板、钢带(以卷状供货)的钢种主要是碳素结构钢，一些大跨度的桥梁等重型结构和高压容器等，也可采用低合金高强度钢。

（3）钢管。

钢管按生产方法的不同，分为无缝钢管和焊接钢管，焊接钢管又分作镀层处理的镀锌管和不作镀层处理的镀锌管两种。无缝钢管主要用于蒸汽、煤气、天然气等高压管道，加工建筑构件或机械零件等；焊接钢管主要用来输送水、煤气和用作建筑物中采暖系统的管道，也可以用作建筑构件，如扶手、栏杆、施工中所用的脚手架等。

钢管按其壁厚不同，又可分为普通钢管和加厚钢管。

（4）钢筋。

钢筋混凝土用的钢材主要指钢筋。钢筋是土木工程中使用最多的钢材品种之一，其材质包括普通碳素钢和普通低合金钢两大类。钢筋按生产工艺性能和用途的不同可分为以下几类。

① 热轧钢筋。钢筋混凝土结构对热轧钢筋的要求是机械强度较高，具有一定的塑性、韧性、冷弯性和焊接性。Ⅰ级钢筋的强度较低，但塑性及焊接性好，便于冷加工，广泛用作普通钢筋混凝土中的非预应力钢筋；Ⅱ级与Ⅲ级钢筋的强度较高，塑性及焊接性也较好，广泛用作大、中型钢筋混凝土结构的受力钢筋；Ⅳ级钢筋强度高，但塑性与焊接性较差，适宜用作预应力钢筋。

② 冷加工钢筋。为了提高强度以节约钢筋，工程中常按施工规程对钢筋进行冷拉或冷拔。冷拉后钢筋的强度较高，但塑性、韧性变差，因此，冷拉钢筋不宜用于受冲击或重复荷载作用的结构。冷拔低碳钢丝是用直径 6.5 ~ 8 mm 的低碳素钢筋通过拔丝机进行多次强力拉拔而成的。冷拔低碳钢丝由于经过反复拉拔强化，强度大为提高，但塑性显著降低，脆性随之增加，已属硬钢类钢筋。

③ 热处理钢筋。热处理钢筋是用热轧螺纹钢筋经淬火和回火的调质处理而成的，公称直径分别为 6 mm、8.2 mm 和 10 mm，其强度要求均为屈服强度 $\sigma_{0.2}$ 不低于 1 325 MPa，抗拉强度 σ_b 不低于 1 470 MPa，伸长率 δ_{10} 要求不低于 6%。热处理钢筋目前主要用于预应力混凝土。

④ 碳素钢丝、刻痕钢丝和钢绞线。碳素钢丝、刻痕钢丝和钢绞线是预应力混凝土专用钢丝，它们由优质碳素钢经过冷加工、热处理、冷轧、绞捻等过程制得。其特点是强度高、安全可靠、便于施工。

3.3.4 木 材

木材在土木工程中的应用有着悠久的历史，曾经是土木建筑的主要建筑材料，用作木屋架、梁柱、楼板、门窗、桥梁以及室内装修制品等。在现代建筑中，新型建筑材料层出不穷，木材作为结构材料，早已被钢材、混凝土等材料替代，但它仍是建筑工程中不可缺少的材料，大量用于制作混凝土模板、门窗及室内装饰制品，故木材与水泥、钢材被称为建筑工程中的三大材料。

木材可称为万能建筑材料，只用木材就可建成适用、美观的建筑物。但我国林木资源较为贫乏，第八次全国森林资源普查结果表明：全国森林面积 2.08 亿公顷，森林覆盖率 21.63%，森林蓄积 151.37 亿立方米；人工林面积 0.69 亿公顷，蓄积 24.83 亿立方米。目前，我国的森林总量持续增长、质量不断提高，其中天然林稳步增加，且人工林数量也快速增长。然而，我国森林覆盖率远低于全球 31%的平均水平，人均森林面积仅为世界人均水平的 1/4，人均森林蓄积只有世界人均水平的 1/7，森林资源总量相对不足、质量不高、分布不均的状况仍未得到根本改变，林业发展还面临着巨大的压力和挑战。因此，对土木工程技术人员来说，应该正确了解木材的性质，能够合理而节约地使用木材。

1. 树木的分类

木材产于各种树木。树木的种类很多，归纳起来可划分成针叶树和阔叶数两大类。

阔叶树的树叶宽大、树干通直部分较短、成材年限长、材质较坚硬、强度较高，但容易变形、开裂，加工也较困难。这类树种有榆木、柞木、桦木、椴木及水曲柳等。这些树种的木材有较美观的纹理，故常用作室内装饰和制造家具。

针叶树的树叶呈针状、树干通直部分长，成材年限短、材质较软、具有一定的强度、变形小、不易开裂、加工容易，是建筑工程中主要使用的木材，多用来加工承重结构构件及门、窗等。其树种有松树、杉树和柏树等。

2. 木材的常见缺陷

木材的强度除受本身构造、含水率、负荷持续时间、温度等因素影响外，木材的缺陷也是影响木材强度的重要因素。常见的木材缺陷有节子、裂纹、虫蛀和腐朽等。

节子：树干中的活枝条或死枝条经修枝和锯开后，在木材表面出现的枝条切断部分断面称为节子。根据节子的质地和周围木材结合的程度，可将节子分为死节和活节两种。

死节又称腐朽节子，它与周围木材部分完全脱离；活节破坏木材的均匀性，对顺纹抗拉强度影响最大，其次是抗弯强度，但能提高横纹抗压和顺纹的抗剪强度。

腐朽：木材受到细菌严重侵蚀后，细胞壁受到破坏，颜色和结构都发生变化，木材变得松软易碎，呈筛网或粉末状，即被腐朽。此时木材强度严重下降或彻底丧失，从而失去使用的价值。

裂纹：木材纤维与纤维之间发生分离的现象。裂纹按发生的方向分为纵裂和环裂两种。裂纹破坏了木材的完整性，降低了木材的强度，影响出材率，还容易引起腐朽。

3. 木材的综合应用

由于我国森林覆盖面积小，仅占国土总面积的 16%左右，木材资源短缺的现象在较短时间内是难以解决的，因此，大力开展木材的综合利用是一个极为重要的问题。

当前，木材加工行业将大量的木屑、碎块等下脚料进行加工处理，制成各种人造板材（胶合板原料除外），得到了很好的应用，取得了较好的经济效益。

（1）纤维板。

纤维板（图 3-10）是以木材或植物纤维为原料，经破碎、浸泡、磨浆等工艺，再加胶黏、热压、切割而制成的人造板材。

纤维板的主要性能特点是：材质构造均匀，各向强度一致，且抗弯强度高，不易产生胀缩和翘曲变形，没有木节子和虫害等缺陷，耐腐朽，绝热、隔声性能好。

图 3-10　纤维板

46

（2）胶合板。

胶合板（图 3-11）是由木段旋切成单板或由木方刨切成薄木，再用胶黏剂胶合而成的三层或多层的板状材料，通常用奇数层单板，并使相邻层单板的纤维方向互相垂直胶合而成。

胶合板具有材质均匀、强度高、无疵病、幅面大且使用方便等优点。从装饰性上讲，胶合板板面木纹美丽，真实感、立体感强，吸湿变形小，不翘曲、不开裂，故广泛地用于室内隔墙板、护壁板、顶棚底衬板、门面板和家具制作等。

图 3-11　胶合板

（3）刨花板。

刨花板（3-12）是由木材或其他木质纤维素材料制成的碎料，施加胶黏剂后在热力和压力作用下胶合成的人造板。

刨花板的吸声性能好且没有方向性，多用于装饰工程和家具制作，其中，水泥刨花板具有强度高、自重轻、保温、防火、防水、隔声以及不虫蛀等优点，多用于顶棚板及室内外墙板。

图 3-12　刨花板

4. 木材的防腐与防火

木材具有很多优良的性能，但也存在两大缺点：一是易腐，二是易燃。因此，建筑工程中应用木材时，必须考虑木材的防腐和防火问题。

（1）木材的防腐。

易腐朽是木材的最大缺点，它降低了木构件和制品的耐久性。因此，采取措施提高木材耐腐能力，延长使用寿命十分重要。

木材防腐通常采用两种措施：一种是将木材处理为不适于真菌寄生繁殖；另一种是进行药物处理，消灭或制止真菌生长。针对木材的防腐，有如下措施：

① 将木材干燥，使用过程中注意通风、除湿。对木结构和木制品表面进行油漆处理，油漆涂层既使木材隔绝了空气，又隔绝了水分。

② 用化学防腐剂对木材进行处理，这是一种比较有效的防腐措施。防腐剂处理木材的方法有表面涂刷或喷涂法、浸渍法、压力渗透法（高压釜法）及冷热槽浸渍法等。

（2）木材的防火。

所谓木材的防火，就是将木材经过具有阻燃性能的化学物质处理后，变成难燃的材料，以达到遇小火能自熄，遇大火能延缓或阻滞燃烧蔓延的目的，从而赢得扑救的时间。木材属于木质纤维材料，易燃烧，它是具有火灾危险性的有机可燃物。

常用作木材阻燃剂的化学物质有下列几类：

① 磷-氮系阻燃剂，有磷酸铵、磷酸氢二铵、磷酸二氢铵、聚磷酸铵、磷酸双氰铵、三聚氰胺、甲醛-磷酸树脂等。

② 硼系阻燃剂，有硼酸、硼砂、硼酸锌、五硼酸铵等。

③ 卤系阻燃剂，有氯化铵、溴化铵、氯化石蜡等。

④ 含有铝、镁、锑等金属氧化物或氢氧化物的阻燃剂，有含水氧化铝、氢氧化镁以及氧化锑等。

⑤ 其他阻燃剂，有碳酸铵、硫酸铵、水玻璃等。

3.3.5 砌筑材料

砌块是砌筑用的人造块材，也是一种墙体材料。砌块系列中主规格的长度、宽度或高度有一项或一项以上分别大于 365 mm、240 mm 或 115 mm，但高度不大于长度或宽度的 6 倍，长度不超过高度的 3 倍。根据需要也可生产各种异型砌块。

砌块可以充分利用地方资源和工业废渣，并可节省黏土资源和改善环境，具有生产工艺简单、原料来路广、适应性强、制作及使用方便、可改善墙体功能等特点，因此发展较快。

1. 砖

砖是一种砌筑材料，有着悠久的历史。制砖材料容易取得、生产工艺比较简单、价格低、体积小、便于组合，所以砖至今仍然广泛地用于墙体、基础、柱等砌筑工程中。但由于生产传统黏土砖毁田取土量大、能耗大、砖自重大、施工中劳动强度高、工效低，因此有必要逐步改革并用新型材料取而代之，如推广使用利用工业废料制成的砖，这不仅可以减少环境污染、保护农田，而且可以节省大量燃料煤。我国的一些大城市已禁止在建筑物中使用黏土砖。

砖按照生产工艺分为烧结砖和非烧结砖；按所用原材料分为黏土砖、页岩砖、煤矸石砖、粉煤灰砖、炉渣砖和灰砂砖等；按有无孔洞分为实心砖（图 3-13）、多孔砖（图 3-14）、空心砖。标准砖的尺寸规格是 240 mm×115 mm×53 mm。砖按抗压强度分为 MU30、MU25、MU20、MU15 和 MU10 五个强度等级。

图 3-13 实心砖

图 3-14 多孔砖

近年来，国内外都在研制非烧结砖。非烧结黏土砖是利用不合适种田的山泥、废土、砂等，加入少量的水泥或石灰作固结剂及微量外加剂和适量水混合搅拌压制成型、自然养护或蒸养一定时间而成的砖。例如：江西建材研究院研制成功的红壤土、石灰非烧结砖；深圳市建筑科学中心研制成功的水泥、石灰、黏土非烧结空心砖；日本用土壤、水泥和 EER 液混合搅拌压制成型，自然风干而成的 EER 非烧结砖等。可见，非烧结砖是一种有发展前途的新型材料。

2. 砌 块

砌块是另一种砌筑材料。利用天然材料或工业废料或以混凝土为主要原料生产的人造块材代替黏土砖，是墙体材料改革的有效途径之一。近年来，全国各地结合自己的资源和需求情况生产了混凝土小型空心砌块、粉煤灰硅酸盐混凝土砌块、加气混凝土砌块、煤矸石空心砌块、矿渣空心砌块、陶粒混凝土空心砌块和炉渣空心砌块等。其中，混凝土小型空心砌块、粉煤灰砌块、加气混凝土砌块已形成国家标准。

混凝土砌块是由水泥、水、砂、石按一定比例配合，经搅拌、成型和养护而成的。砌块的主规格为 390 mm × 190 mm × 190 mm，配以 3 ～ 4 种辅助规格即可组成墙用砌块基本系列。混凝土砌块是由可塑的混凝土加工而成的，其形状、大小可随设计要求不同而改变，因此它既是一种墙体材料，又是一种多用途的新型建筑材料。混凝土砌块的强度可通过改变混凝土的配合比和砌块的孔洞而在较大幅度内得到调整，因此，可用作承重墙体和非承重的填充墙体。混凝土砌块自重较实心黏土砖轻，地震荷载较小，砌块有空洞便于浇筑配筋芯柱，能提高建筑物的延性。混凝土砌块的绝热、隔音、防火、耐久性等大体与黏土砖相同，能满足一般建筑的要求。

加气混凝土砌块是以钙质材料（如水泥、石灰）、硅质材料（粉煤灰、石英砂、粒化高炉矿渣等）和加气剂作为原料，经混合搅拌、浇筑发泡、坯体静停与切割后，再经蒸风养护而成的砌块。加气混凝土砌块具有表观密度小、保温性能好及可加工等优点，一般在建筑物中主要作非承重墙体的隔墙。

此外，还有石膏砌块，它具有轻质、绝热吸气、不燃、可锯可钉、生产工艺简单、成本低等优点，多用作内隔墙。

3. 砂 浆

砂浆是由胶凝材料、细集料和水等材料按适当比例配合而成的。细集料多用天然砂。

用于砖石砌体的砂浆称为砌筑砂浆，起着黏结砖石和传递荷载的作用，因此是砌体的重要组成部分。普通水泥、矿渣水泥、火山灰质水泥等常用品种的水泥都可以用来配制砌筑砂浆。有时为改善砂浆的和易性和节约水泥还常掺入适量的石灰或黏土膏浆而制成混合砂浆。

3.3.6 其他材料

防水材料是土木工程中不可缺少的主要建筑材料之一。土木工程中很多部位都要用到防水材料，如房屋建筑的屋面、地下室防水、桥面防水、水利工程中的防水等。防水材料质量的优劣与建筑物、构筑物的使用寿命密切相关。

土木工程中常用的防水材料品种繁多，主要有：沥青防水材料、防水卷材、防水涂料、密封材料等。

（1）沥青。沥青是由复杂的高分子碳氢化合物和其他非金属（氧、硫、氮）衍生物组成的混合物。沥青除用于道路工程外，还可以作为防水材料用于房屋建筑及用作一般土木工程的防腐材料等。

（2）防水卷材。防水卷材是可卷曲的片状防水材料。根据其主要防水组成材料可分为沥青防水卷材、聚合物改性沥青防水卷材和合成高分子防水卷材三类。

（3）防水涂料。防水涂料是将在常温下呈黏稠状的物质，涂布在基层表面，经溶剂或水分挥发，或各组分间的化学反应，形成具有一定弹性的连续薄膜，使基层表面与水隔绝，起到防水和防潮的作用。防水涂料广泛适用于工业与民用建筑的屋面防水工程、地下混凝土工程的防潮防渗等等。

（4）密封材料，又称嵌缝材料。工程中常用的密封材料有：建筑防水沥青嵌缝油膏、聚氯酯密封膏、聚硫橡胶密封膏、聚氯乙烯嵌缝接缝膏和塑料油膏。

3.4 土木工程材料的发展趋势

随着科学技术的发展，学科的交叉及多元化产生了新的技术和工艺。这些前沿的技术、工艺越来越多地应用于建筑材料的研制开发，使得建筑材料的发展日新月异。不仅材料原有的性能，如耐久性能、力学性能等得到了提高，而且实现了建筑材料在强度、节能、隔音、防水、美观等方面多功能的综合。同时，社会发展对建筑材料的发展提出了更高的要求，可持续发展理念已逐渐深入到建筑材料之中，具有节能、环保、绿色和健康等特点的建筑材料应运而生。建筑材料正向着追求功能多样性、全寿命周期经济性以及可循环再生利用性等方向发展。

3.4.1 绿色健康建筑材料

绿色健康建材指的是对环境具有有益作用或对环境负荷很小，并在使用过程中能满足舒适、健康功能的建筑材料。绿色健康材料首先要保证其在使用过程中是无害的，并在此基础上实现其净化及改善环境的功能。根据其作用，绿色健康材料可分为抗菌材料，净化空气材料，防噪音、防辐射材料和产生负离子材料。

3.4.2 节能建筑材料

建筑物的节能是世界各国建筑学、建筑技术、材料学和相应空调技术研究的重点和方向。目前，我国已经制定出台了相应的建筑节能设计标准，并对建筑物的能耗作出了相应的规定。建筑物的能耗是由室内环境所要求的温度与室外环境温度的差异造成的，因此有效降低建筑物的能耗主要有两种途径：一是改善室内采暖、空调设备的能耗效率；二是增强建筑物围护结构的保温隔热性能，从而使建筑节能材料广泛应用于建筑物的围护结构当中。

3.4.3 轻质和高性能材料

自重轻的材料优点很多。由于其自重轻，材料生产工厂化程度高，并且运输成本低、建造速度快、清洁施工，从全寿命期角度来看具有很高的经济效益。

高性能材料的特点是在多种材料性能方面更为优越、使用时间更长、功能更为强大，大幅度提高了材料的综合经济效益。比如高性能混凝土，其满足的性能包括易灌注、易密实、不离析、能长期保持优越的力学性质、早期强度高、韧性好、体积稳定、在恶劣环境下使用寿命长等。高性能材料可通过使用性能优良的高级材料复合在建筑材料上实现，如碳纤维复合材料在建筑结构材料智能化技术上的应用。

思 考 题

1. 什么是混凝土？什么是砂浆？
2. 土木工程常用的钢材有哪些？
3. 如何计算材料的密度、表观密度、堆积密度？
4. 近现代的土木工程材料主要有哪些？
5. 请论述土木工程材料的发展趋势。

课后阅读

一、混凝土的改革——自密实混凝土

自密实混凝土（Self Compacting Concrete 或 Self-Consolidating Concrete, SCC）是指在自身重力作用下，能够流动、密实，即使存在致密钢筋也能完全填充模板，同时获得很好均质性，并且不需要附加振动的混凝土。

早在 20 世纪 70 年代早期，欧洲就已经开始使用轻微振动的混凝土，但是直到 20 世纪 80 年代后期，SCC 才在日本发展起来。日本发展 SCC 的主要原因是解决熟练技术工人的减少和混凝土结构耐久性提高之间的矛盾。

20 世纪 80 年代，日本混凝土结构的耐久性问题、由于逐渐减少的熟练建筑工人而导致工程质量下降的问题等是当时的主要问题。为了解决这些问题，日本东京大学教授冈村甫（Okamura）最早提出"免振捣的耐久性混凝土"，并由小沢（Ozawa）和前川（Maekawa）做了相应的基础研究。1996 年，冈村首次将这种混凝土命名为自密实高性能混凝土，其关键技术是通过掺加高效减水剂和矿物掺合料，在低水胶比条件下，大幅度提高混凝土拌合物的流动性，同时保证良好的黏聚性、稳定性，防止泌水和离析。

欧洲在 20 世纪 90 年代中期才将 SCC 第一次用于瑞典的交通网络民用工程上。随后 EC 建立了一个多国合作 SCC 指导项目。从此以后，整个欧洲的 SCC 应用普遍增加。

我国自密实高性能混凝土的研究及应用相对国外较晚，但是在最近几年发展迅速。在北京、深圳、南京、济南、澳门、长沙等城市相继开始有了 SCC 的应用报道，其应用领域也从房屋建筑扩大到水工、桥梁、隧道等大型工程。SCC 良好的应用成效受到了工程界的广泛好评与关注。2012 年，中华人民共和国住房和城乡建设部发布《自密实混凝土应用技术规程》（JGJ/T 283—2012）。

自密实混凝土被称为"近几十年中混凝土建筑技术最具革命性的发展"，因为自密实混凝土拥有众多优点：

（1）保证混凝土良好地密实。

（2）提高生产效率。由于不需要振捣，混凝土浇筑需要的时间大幅度缩短，工人劳动强度大幅度降低，需要工人数量减少。

（3）改善工作环境和安全性。没有振捣噪声，避免工人长时间手持振动器导致的"手臂振动综合征"。

（4）改善混凝土的表面质量。不会出现表面气泡或蜂窝麻面，不需要进行表面修补；能够逼真呈现模板表面的纹理或造型。

（5）增加了结构设计的自由度。不需要振捣，可以浇筑成型形状复杂、薄壁和密集配筋的结构。以前，这类结构往往因为混凝土浇筑施工的困难而限制采用。

（6）避免了振捣对模板产生的磨损。

（7）减少了混凝土对搅拌机的磨损。

（8）可能降低工程整体造价。从提高施工速度、环境对噪声限制、减少人工和保证质量等诸多方面降低成本。

自密实混凝土在我国许多大型工程中都有应用实例，例如上海泓邦国际大厦（图3-15）、锡宜高速公路、京杭运河大桥跨沪宁铁路、深圳南方国际广场、武汉国际会展中心、三峡大坝水电站（图3-16）、台北101大楼（图3-17）、世博演艺中心等都成功应用了自密实混凝土。

图 3-15　上海泓邦国际大厦

图 3-16　三峡大坝发电站

图 3-17　台北中心 101 大楼

二、钢材的经典应用——埃菲尔铁塔

埃菲尔铁塔（图 3-18）矗立在法国巴黎的战神广场，是世界著名建筑、法国文化象征之一、巴黎城市地标之一，也是巴黎最高的建筑物，高 300 m，天线高 24 m，总高 324 m，于 1889 年建成，得名于设计它的著名建筑师、结构工程师古斯塔夫·埃菲尔（图 3-19）。铁塔设计新颖独特，是世界建筑史上的技术杰作，是法国巴黎的重要景点和突出标志。

因为法国巴黎是浪漫之都，建筑物也都是低矮而且富有情调的，但是在市中心突然耸立起这个丑陋的、突兀的钢铁庞然大物，让巴黎市民很气愤，曾多次想拆除埃菲尔铁塔，认为它影响巴黎市容，是巴黎最糟糕、最失败的建筑物。而现在，埃菲尔铁塔却成了法国甚至是全世界最吸金的建筑地标，2011 年约有 698 万人参观，在 2010 年累

图 3-18　埃菲尔铁塔

计参观人数已超过 2.5 亿人，每年为巴黎带来 15 亿欧元的旅游收入。巴黎人民也接受了它，并把埃菲尔铁塔当作法国的象征。

埃菲尔铁塔高 300 m，天线高 24 m，相当于 100 层楼高，铁塔是由很多分散的钢铁构件组成的——看起来就像一堆模型的组件。钢铁构件有 18 038 个，重达 10 000 t，施工时共钻孔 700 万个，使用铆钉 250 万个。除了四个脚是用钢筋水泥之外，全身都由钢铁构成，塔身总质量 7 000 t。每隔 7 年油漆一次，每次用漆 52 t。塔分三楼，分别在离地面 57.6 m、115.7 m 和 276.1 m 处，其中一、二楼设有餐厅，第三楼建有观景台，从塔座到塔顶共有 1 711 级阶梯，共用去 7 000 t 钢铁、12 000 个金属部件、259 万只铆钉。

图 3-19　埃菲尔

埃菲尔铁塔是由古斯塔夫·埃菲尔设计的。古斯塔夫·埃菲尔 1832 年出生于法国东部的第戎城。20 岁以优异的成绩考上了培养工程师的法国国立工

艺学院。在那里他租用了单身宿舍，经常挤在桌子和火炉中间通宵达旦埋头读书。不久，他以良好的成绩领到了工程师的毕业文凭。毕业后，埃菲尔经朋友介绍进入西部铁路局研究室任工程师。从此，埃菲尔踏上了建筑结构工程师的工作道路，为人类的进步与文明贡献了自己的杰出才华。

1860年，埃菲尔完成了当时法国著名的波尔多大桥工程，将长达500 m的钢铁构件，架设在跨越吉隆河中的6个桥墩上。这项巨大工程的完成，使埃菲尔在整个工程界的名声大振。埃菲尔肯钻研，敢革新，大胆使用钢材和混凝土，使土木建筑从"土"和"木"中解脱出来。他为设计铁塔付出了巨大的劳动，仅设计图纸就有5 000多张。这些宝贵的资料，作为埃菲尔劳动的结晶，至今仍被人们妥善地保存在巴黎。

第 4 章　地基与基础

建筑物或者构筑物以地面为界分为上部结构和下部结构两部分,其中地面以上的部分称为上部结构，地面以下的部分称为基础。基础承担了上部结构的全部荷载，并把这些荷载连同自己本身的重量一起传递给基础以下的土层，承受基础传递的荷载的土层称为地基，如图 4-1 所示。

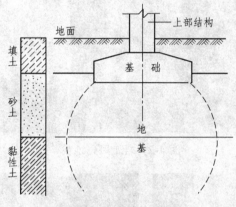

图 4-1　地基与基础

地基分为天然地基和人工地基。地质条件良好，天然土层具有足够的承重力，直接在其上建造房屋的为天然地基；当土层的承载力较差或虽然土层地质条件较好，但上部荷载很大时，为使地基具有足够的承载能力，需要对土层进行人工处理再修建房屋，这种经过人工处理的土层，称为人工地基。对地基进行人工处理称为地基处理或者地基加固。

人们总是要优选地质条件良好的场地进行工程建设，场地选择是工程地质研究的范围；人们有时又不得不在地质条件不良的场地上进行工程建设，软弱地基是地基处理的对象。本章主要讲解工程地质勘察、地基处理及基础工程的相关知识。

4.1　工程地质勘察

4.1.1　地表地质作用

地表是各种自然因素的交叉作用带，也是人类工程活动的最主要场所。发生于地球表面附近的地质作用，形式多样，原因复杂，对人类工程活动的影响深广。

岩土风化地貌见图 4-2，河流地质作用见图 4-3。

图 4-2　岩土风化地貌

图 4-3　河流地质作用

4.1.2　工程地质测绘

工程地质测绘的目的是查明场地及邻近地段的地貌、地质条件，对场地或建筑地段的稳定性和适宜性作出评价，为勘察方案的布置提供依据。

常用的地质测绘方法有像片成图法和实地测绘法（图 4-4）。

（a）海上勘察　　　　　　　（b）水上勘察　　　　　　　（c）陆地勘察

图 4-4　不同区域的勘察（实地测绘）

目前遥感技术已在工程地质测绘中得到了广泛应用（图 4-5）。

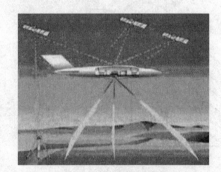

图 4-5　遥感技术测绘示意图

实地测绘常用的仪器有全站仪、经纬仪、水准仪，见图 4-6。经纬仪主要用于测量水平角和竖向角；水准仪主要是提供一条水平视线，照水准尺进行读数，量得并算出高程。

（a）全站仪　　　　　　（b）经纬仪　　　　　　（c）水准仪

图 4-6　实地测绘常用仪器

4.1.3 工程地质勘探方法

工程地质勘探应分阶段进行：工程选址应进行可行性研究勘察，初步设计阶段应进行初步勘察，施工图设计阶段应进行详细勘察。

勘探的方法主要有坑探（图4-7）、槽探、钻探（图4-8）和地球物理勘探等。

坑探、槽探是用人工或机械的方式挖掘坑、槽、井、洞，以便直接观察土层的天然状态及各地层之间接触关系等地质结构，并取原状土样。

钻探是用钻机在地层中钻孔，并沿孔深取样，以鉴定和划分地表下土层，获得深部的地质资料。钻探是工程地质勘察中应用最广泛的一种勘察手段。

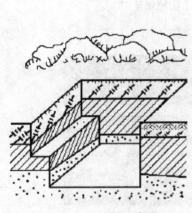

图4-7 坑探示意图

图4-8 钻探示意图

4.1.4 地基土的工程分类

这里的土包括岩石，岩石是广义上的土。

岩石：颗粒间牢固联结的整体或具有节理、裂隙的岩体。其承载能力视岩石风化程度而异，一般在 200～4 000 kPa。

碎石土：按粗细程度又分为块石、碎石、角砾等，其承载力在 200～1 000 kPa。砂土：按粗细程度分砾砂、粗砂、中砂、细砂、粉砂，地基承载力在 140～500 kPa。

粉土：工程性质介于黏性土和上述无黏性土之间的土。

黏性土：具有明显的黏性、可塑性、压缩性，地基承载力在 105～410 kPa。

人工填土：包括素填土、杂填土、冲填土，成分、工程性质复杂。

4.1.5 土的基本特性

土具有压缩性，这是由土的三相组成（图 4-9）决定的。

固相：固体颗粒（岩石碎屑、矿物颗粒）；

液相：孔隙中的水；

气相：孔隙中的气体。

地基土层在上部结构的作用下产生压缩变形（图 4-10），基础随之沉降，导致建筑物开裂、倾斜甚至倒塌。地基基础设计要求地基土的变形量不超过允许值。

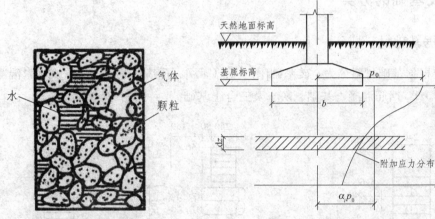

图 4-9 土的三相图   图 4-10 地基土的压缩变形

4.1.6 关于地基承载力的概念

地基承载力是指地基在荷载作用下，不丧失其稳定性，地基压缩变形在容许范围内时，地基单位面积上所能承受的最大荷载（图 4-11）。

地基的强度条件要求是：

$$p \leqslant f$$

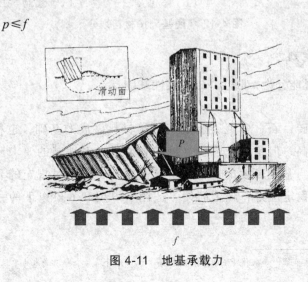

图 4-11 地基承载力

4.2 浅基础

4.2.1 浅基础的定义

当基础埋置深度不大于 5 m（一般浅于 5 m 或小于基础最小宽度），只需采用普通施工方法就可以建造起来的基础，叫浅基础。

4.2.2 浅基础的分类

1. 根据基础材料划分

浅基础根据基础材料分为：砖基础[图 4-12（a）]、石基础[图 4-12（b）]、素混凝土基础[图 4-12（c）]、钢筋混凝土基础、灰土及三合土基础。

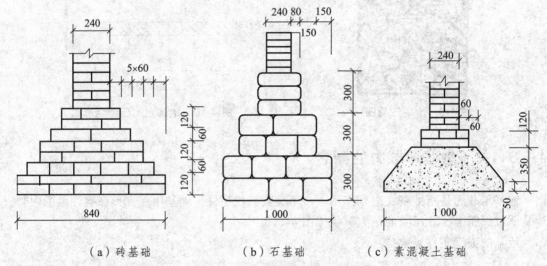

（a）砖基础　　　　　（b）石基础　　　　　（c）素混凝土基础

图 4-12* 浅基础按材料划分

2. 根据受力性能划分

浅基础根据受力性能分为：刚性基础和柔性基础。

（1）刚性基础。

刚性基础是指由砖、石、素混凝土或灰土等材料做成的基础，也称无筋扩展基础。刚性基础的抗压强度高，但是抗拉强度、抗剪强度低，对地基的要求比较高。设计要求刚性基础的外伸宽度与基础高度的比值（台阶高宽比）不超过规定的允许值，以避免基础被拉裂。刚性基础稳定性好，施工简便，适用于 6 层和 6 层以下的一般民用建筑和墙承重的厂房。

---

* 编者注：本书图中尺寸单位，如未作特别说明，除标高单位为米外，其余皆以毫米为单位。

（2）柔性基础。

当刚性基础不能满足力学要求时，可以在基础内配置足够的钢筋，做成钢筋混凝土基础，即柔性基础或者柔性扩展基础，简称扩展基础。

3. 根据构造形式划分

浅基础根据构造形式分为：独立基础、条形基础、筏板基础、箱形基础和壳体基础。

（1）独立基础。

在建筑中，柱的基础一般都是单独基础，称为独立基础。独立基础通常有台阶形、锥形和杯口形（图 4-13），杯口形基础又可分为单肢和双肢杯口形基础、低杯口形基础和高杯口形基础。

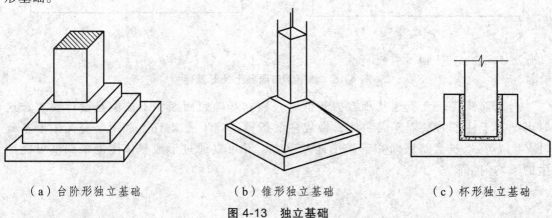

（a）台阶形独立基础　　　　　（b）锥形独立基础　　　　　（c）杯形独立基础

图 4-13　独立基础

（2）条形基础。

墙的基础通常连续设置成长条形，称为条形基础或带形基础。条形基础一般做成台阶形和锥形（图 4-14）。对于墙下钢筋混凝土基础，当地基不均匀时，还要考虑墙体纵向弯曲的影响。这种情况下，为了增加基础的整体性和加强基础纵向抗弯能力，墙下扩展基础可采用有肋的基础形式（图 4-15）。

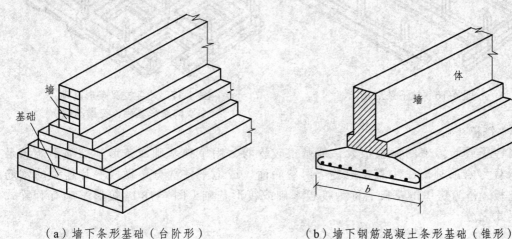

（a）墙下条形基础（台阶形）　　　　（b）墙下钢筋混凝土条形基础（锥形）

图 4-14　条形基础

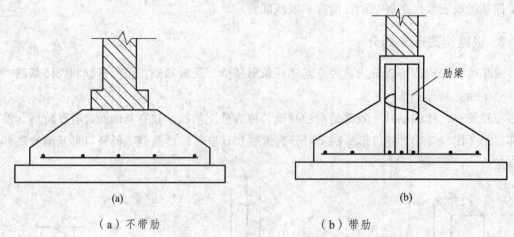

（a）不带肋　　　　　　　　　　（b）带肋

图 4-15　墙下钢筋混凝土条形基础

当上部荷载较大，地基承载力较低时，独立基础底面面积不能满足设计要求。这时可把若干柱子的基础连成一体，做成柱下条形基础（图 4-16）和十字交叉条形基础（图 4-17），以扩大基底面积，减小地基反力，并可以通过形成整体刚度来调整可能产生的不均匀沉降。

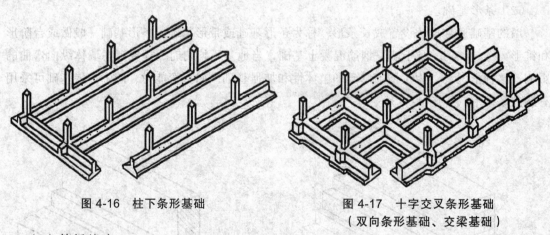

图 4-16　柱下条形基础　　　　　　图 4-17　十字交叉条形基础
　　　　　　　　　　　　　　　　　　（双向条形基础、交梁基础）

（3）筏板基础。

当柱子或墙传来的荷载很大，地基土较软弱，用单独基础或条形基础都不能满足地基承载力要求时，往往需要把整个房屋底面（或地下室部分）做成一片连续的钢筋混凝土板，作为房屋的基础，称为筏板基础或筏形基础（图 4-18）。筏形基础有有梁式和无梁式之分。

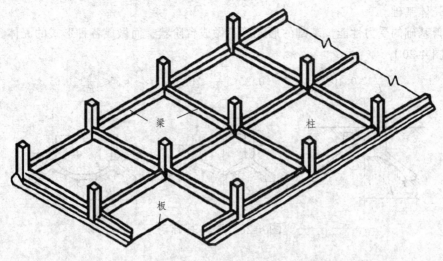

图 4-18　筏形基础

（4）箱形基础。

为了对筏板基础进行加强，增加基础板的刚度，以减小不均匀沉降，高层建筑往往把地下室的底板、顶板、侧墙及一定数量的内隔墙连在一起构成一个整体刚度很强的钢筋混凝土箱形结构，称为箱形基础（图 4-19）。

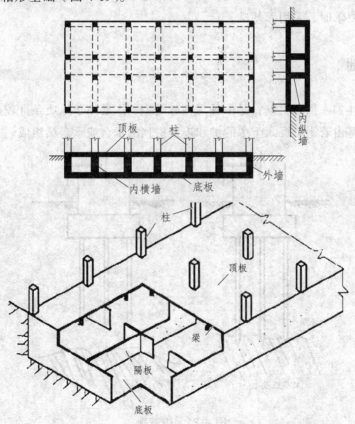

图 4-19　箱形基础

（5）壳体基础。

为改善基础的受力性能，基础的形式可不做成台阶状，而做成各种形式的壳体，称作壳体基础（图4-20）。

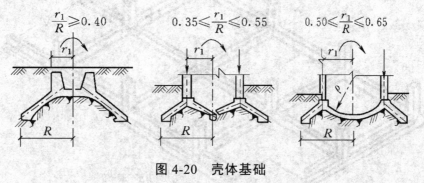

图4-20　壳体基础

4.3　深基础

位于地基深处承载力较高的土层上，埋置深度大于5m或大于基础宽度的基础，称为深基础。深基础的类型有：桩（墩）基础、沉井沉箱基础、地下连续墙等。天然浅基础的强度和变形不能满足要求时，采用深基础。

4.3.1　桩基础

桩基础（图4-21）简称桩基，是一种深基础类型，主要用于地质条件较差或者建筑要求较高的情况。桩基由若干个沉入土中的桩和连接桩顶的承台或承台梁组成。

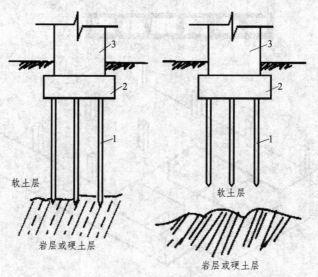

图4-21　桩基础

1—桩柱；2—承台；3—上部结构

桩基础按不同的方法可分为不同的类型。

1. 按桩身材料分类

桩基础按桩身材料可分为木桩、混凝土桩、钢筋混凝土桩、钢桩、其他组合材料桩。

2. 按施工方法分类

桩基础按施工方法可分为预制桩、灌注桩两大类。预制桩（图 4-22）是指在工厂或施工现场制成的各种材料、各种形式的桩（如木桩、混凝土方桩、预应力混凝土管桩、钢桩等），用沉桩设备将桩打入、压入或振入土中（图 4-23）。直接在所设计的桩位上开孔，其截面为圆形，成孔后在孔内加放钢筋笼、灌注混凝土而成的桩，称为灌注桩。灌注桩主要有钻孔灌注桩、沉管灌注桩、成孔灌注桩、人工挖孔灌注桩等，见图 4-24 ~ 图 4-27。

（a）预制方桩

（b）预制管桩

图 4-22　预制桩

图 4-23　预制桩沉桩的三种方式

图 4-24　钻孔灌注桩

图 4-25　旋挖桩机成孔

图 4-26　长螺旋钻机成孔

图 4-27　振动沉桩机成孔

3. 按受力性质分类

桩基础按受力性质可分为端承型桩和摩擦型桩。端承型桩是指在竖向极限荷载作用下，桩顶荷载全部或主要由桩端阻力承受，桩侧阻力相对桩端阻力而言较小，或可忽略不计的桩，见图 4-28（a）。摩擦型桩是指在竖向极限荷载作用下，桩顶荷载全部或主要由桩侧阻力承受的桩，见图 4-28（b）。

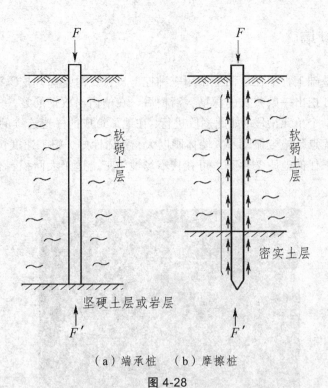

（a）端承桩　（b）摩擦桩

图 4-28

4.3.2　墩基础

墩基础（图 4-29）是指在人工或机械成孔的大直径孔中浇筑混凝土（钢筋混凝土）而成的基础，即挖孔桩。

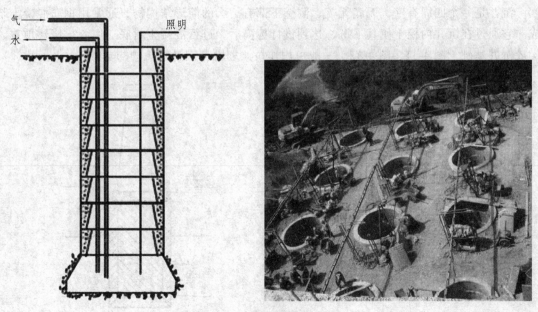

图 4-29　墩基础

4.3.3　地下连续墙

　　地下连续墙是基础工程中在地面上采用一种挖槽机械，沿着深开挖工程的周边轴线，在泥浆护壁条件下，开挖出一条狭长的深槽，清槽后，在槽内吊放钢筋笼，然后用导管法灌筑水下混凝土筑成的一个单元槽段，如此逐段进行，在地下筑成的一道连续的钢筋混凝土墙壁。

　　地下连续墙的优点是施工振动小，墙体刚度大，整体性好，施工速度快，能截水、防渗、承重、挡水，可用于任何地质条件下，可在狭窄场地施工，适于大面积、有地下水的深基坑施工（图 4-30）。

图 4-30　深基坑施工示意图

4.3.4　沉井基础

　　沉井是一个四周有壁，无底无盖、侧壁下部有刃脚的筒形结构物，通常用钢筋混凝土制成。它通过在沉井内挖土使其下沉，达到设计标高后，进行混凝土封底、填心、修建顶盖，构成沉井基础（图 4-31、图 4-32）一般可用作桥梁的墩台或者建筑物的基础。

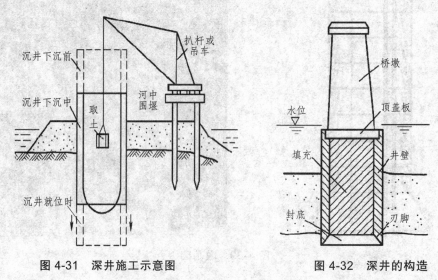

图 4-31　深井施工示意图　　　　图 4-32　深井的构造

4.3.5 沉箱基础

沉箱基础又称为气压沉箱基础，它是以气压沉箱来修筑的深水区的桥梁墩台或其他构筑物的基础。沉箱可就地建造下沉，也可采取岸边建造、水中浮运、深水定位后下沉。

当沉箱在水下就位后，将压缩空气压入沉箱室内部，排出其中的水，施工人员进行箱内挖土，通过升降筒和气闸将弃土外运，沉箱在自重和顶面压力作用下逐步下沉至设计标高，最后用混凝土填实工作室，即成沉箱基础，如图 4-33。

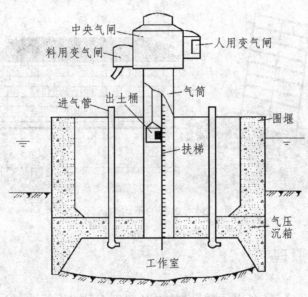

图 4-33　深箱基础的工作原理

4.4　地基处理

4.4.1　地基不均匀沉降

在同一结构体中，如果相邻的两个基础沉降量存在差值，差异沉降过大，就会使相应的上部结构产生额外应力，导致建筑物产生裂缝、倾斜甚至破坏（图 4-34）。因此，设计中必须考虑如何防止或减轻不均匀沉降造成的危害。

减小地基差异沉降的主要措施有：在设计时尽量使上部荷载中心受压，均匀分布；遇到高低悬殊或地基软硬突变时，要合理设置沉降缝；增加上部结构对地基不均匀沉降的协调作用，如在砌体结构中设置圈梁以增强结构的整体性；合理安排施工工序和采用合理的施工方法。

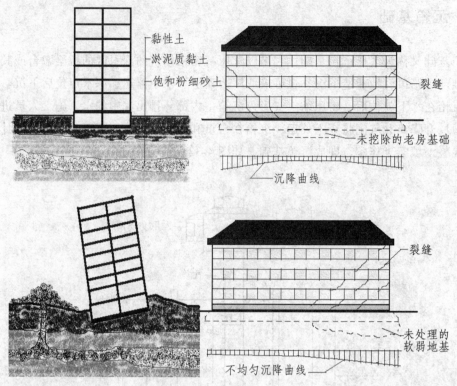

黏性土
淤泥质黏土
饱和粉细砂土
裂缝
未挖除的老房基础
沉降曲线
裂缝
未处理的
软弱地基
不均匀沉降曲线

图 4-34　地基的不均匀沉降

4.4.2　地基加固原理

当工程结构的荷载较大，地基土质又较软弱（强度不足或压缩性大），不能作为天然地基时，可采取人工加固处理的方法，改善地基性质、提高承载力、增加稳定性，减少地基变形和基础埋置深度。

1. 地基处理的目的

地基处理的目的是：提高软弱地基的强度、保证地基的稳定性；降低软弱地基的压缩性、减少基础的沉降；防止地震时地基土的振动液化；消除特殊土的湿陷性、胀缩性和冻胀性。

2. 地基处理的对象

（1）软弱地基：淤泥、淤泥质土、冲填土、杂填土或其他高压缩性土层构成的地基。

（2）特殊土地基：软土、湿陷性黄土、膨胀土、红黏土和冻土等地基。

3. 地基处理的原则

（1）局部地基处理：将局部软弱层或硬物尽可能挖除，回填与天然土压缩性相近的材料，分层夯实；处理后的地基应保证建筑物各部位沉降量趋于一致，以减少地基的不均匀下沉。

（2）软土地基加固。

4.4.3 地基加固的方法

地基加固处理的方法很多，归纳起来总共七种（图4-35）：

"挖"——直接挖去软土层（软土层不厚时）；

"填"——在软土层上回填一定厚度的好土（软土层较厚时）；

"换"——挖去软土，人工换填垫层（软土层较厚时）；

"压"——机械碾压土壤或预压排水固结；

"夯"——利用强夯起重机械夯击土壤；

"挤"——将振冲桩或挤密桩挤入地层，形成复合地基；

"拌"——利用深层搅拌桩或高压旋喷桩加固地基。

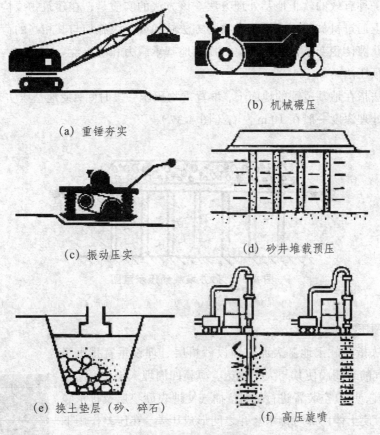

（a）重锤夯实

（b）机械碾压

（c）振动压实

（d）砂井堆载预压

（e）换土垫层（砂、碎石）

（f）高压旋喷

图4-35　地基加固

1. 换填法——"挖""填""换"

当建筑物基础下的持力层比较软弱、不能满足上部结构荷载对地基的要求时，常采用换土垫层来处理软弱地基。换填法（图4-36）即将基础下一定范围内的土层挖去，然后回填以强度较大的砂、碎石或灰土等，并夯实至密实，适用于淤泥、淤泥质土、湿陷性黄土、素填土、杂填土地基的加固。

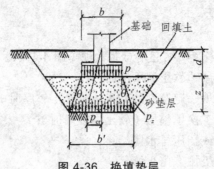

图 4-36　换填垫层

2. 预压法（排水固结）——"压"

预压法是一种有效的软土地基处理方法。该方法的实质是，在建筑物或构筑物建造前，先在拟建场地上通过机械碾压或堆置重物的方法施加或分级施加与其相当的荷载，使土体中孔隙水排出，孔隙体积变小，土体密实，提高地基承载力和稳定性。

（1）堆载预压法。

堆载预压法指在地基范围的地面上，堆置重物预压一段时间，使地基压实，承载力提高。堆载预压法的处理深度一般在 10 m 左右（图 4-37）。

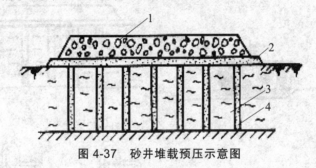

图 4-37　砂井堆载预压示意图

1—堆料；2—砂垫层；3—淤泥；4—砂井

（2）真空预压法。

真空预压法指在软土地基表面先铺设砂垫层、埋设垂直排水竖井，再用不透气的封闭膜使其与大气隔绝，薄膜四周埋入土中，通过埋设的排水竖井，用真空装置进行抽气。抽气使地表砂垫层及排水竖井内形成负压，使土体内部与排水竖井之间形成压差，在压差作用下土体中的孔隙水不断由排水竖井排出，从而使土体固结。

真空预压法的处理深度可达 15 m。

3. 强夯法——"夯"

强夯法利用起重机械将重达 80 ~ 400 kN 的夯锤吊起，自高度为 6 ~ 30 m 的高处落下，反复多次夯击地面，是一种对土体进行强力夯实的地基加固方法，见图 4-38。实践证明，经夯击后的地基承载力可

图 4-38　强夯地基

提高 2~5 倍，压缩性可降低 200%~500%，影响深度在 10 m 以上。

强夯适用于碎石土、砂土、黏性土、湿陷黄土及杂填土地基的深层加固。但强夯产生的振动对已建成或在建的建筑物有影响时，不得采用。

4. 振冲法——"挤"

振冲法是振动水冲击法的简称，按不同土类可分为振冲置换法和振冲密实法两类。振冲法在黏性土中主要起振冲置换作用，置换后填料形成的桩体与土组成复合地基，在砂土中主要起振动挤密和振动液化作用，见图 4-39、图 4-40。振冲法的处理深度可达 10 m。

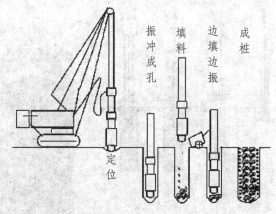

图 4-39　振冲碎石桩施工流程图

图 4-40　振冲碎石桩

5. "拌"

"拌"即指用深层搅拌法或旋喷法加固地基。

（1）深层搅拌法。

深层搅拌法是利用水泥或其他固化剂通过特制的搅拌机械，在地基中将水泥和土体强制拌和，使软弱土硬结成整体，形成具有水稳性和足够强度的水泥土桩或地下连续墙，处理深度为 8～12 m。施工过程：定位—沉入到底部—喷浆搅拌（上升）—重复搅拌（下沉）—重复搅拌（上升）—完毕，见图 4-41、图 4-42。

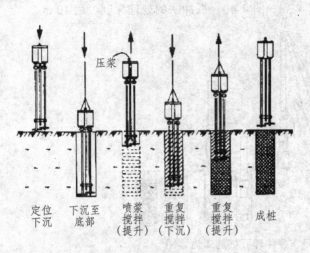

图 4-41　深层搅拌桩施工工艺流程图

图 4-42　深层搅拌桩施工

（2）高压旋喷法。

高压旋喷法是利用钻机把带有特殊喷嘴的注浆管钻至设计深度，将水泥浆液由喷嘴向四周高速喷射切削土层，同时将旋转的钻杆徐徐提升，浆液与土体在高压射流作用下充分搅拌混合，形成连续搭接的水泥加固体。

旋喷法可用于处理软弱地基，也可用于桩、地下连续墙、挡土墙、深基坑支护结构的施工和防管涌、流砂的技术措施。其施工流程见图 4-43、图 4-44。

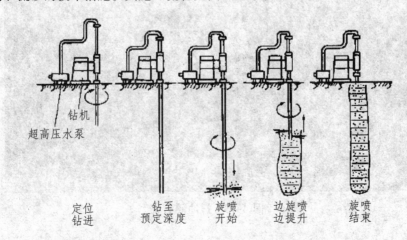

图 4-43　旋喷法施工流程图

图 4-44　高压旋喷桩施工

思 考 题

1. 工程地质勘察分为哪几个阶段进行？
2. 试述地基承载力的概念。
3. 试述地基土的工程分类。
4. 什么是浅基础？什么是深基础？
5. 试述扩展基础的种类及受力特点。
6. 按受力性质分类，桩基础有哪几种？
7. 试述地基处理的目的。
8. 你能举出几种地基处理的方法？

课后阅读

一、地基与基础在工程中的重要性——比萨斜塔

意大利比萨（Pisa）斜塔（图 4-45）自 1173 年 9 月 8 日动工，至 1178 年建至第 4 层中部，即高度 29 m 时，因塔明显倾斜而停工。94 年后，1272 年复工，经 6 年时间建完第 7 层，高 48 m，再次停工中断 82 年。1360 年再次复工，至 1370 年竣工，前后历经近 200 年。

该塔共 8 层，高 55 m，全塔总荷重 145 MN，相应的地基平均压力约为 50 kPa。地基持力层为粉砂，下面为粉土和黏土层。由于地基的不均匀下沉，塔向南倾斜，南北两端沉降差 1.8 m，塔顶离中心线已达 5.27 m，倾斜 5.5°，成为危险建筑。

图 4-45　比萨斜塔

二、地基与基础在工程中的重要性——苏州虎丘塔

苏州虎丘塔（图 4-46），建于五代周显德六年至北宋建隆二年（公元 959—961），7 级八角形砖塔，塔底直径 13.66 m，高 47.5 m，重 63 000 kN。其地基土层由上至下依次为杂填土、块石填土、亚黏土夹块石、风化岩石、基岩等，由于地基土压缩层厚度不均及砖砌体偏心受压等原因，该塔向东北方向倾斜。1956—1957 年间对上部结构进行修缮，但使塔重增加了 2000 kN，加速了塔体的不均匀沉降。1957 年，塔顶位移为 1.7 m，到 1978 年发展到 2.3 m，重心偏离基础轴线 0.924 m，砌体多处出现纵向裂缝，部分砖墩应力已接近极限状态。

后在塔周建造一圈桩排式地下连续墙，并采用注浆法和树根桩加固塔基，基本遏制了塔的继续沉降和倾斜。

图 4-46　苏州虎丘塔

三、地基与基础在工程中的重要性——赵州桥

作为成功的例子，赵州桥（图4-47）是其中的典范。

赵州桥位于河北赵州，隋代（公元595—605年）修建，净跨37.02 m。基础建于黏性土地基上，基底压力500~600 kPa，但地基并未产生过大变形，按照现在的规范检算，地基承载力和基础后侧被动土压力均正好满足要求，且经无数次洪水和地震的考验而无恙。

图4-47 赵州桥

第5章 建筑工程

5.1 建筑构造

5.1.1 建筑结构的组成

建筑结构是在一个空间中用各种基本的结构构件集合成的具有某种特征的有机体。人们只有将各种基本结构构件合理地集合成主体结构体系，并有效地将其联系起来，才有可能组织出一个具有使用功能的空间，并使之作为一个整体结构将作用在其上的荷载传递给地基。

建筑的基本构件可分为板、梁、柱、拱等10种类型。

1. 板

板是指平面尺寸较大而厚度相对较小的平面形结构构件，通常水平放置，但有时也可斜向设置（如楼梯板）或竖向设置（如墙板）。板承受垂直于板面方向的荷载时，受力以弯矩、剪力、扭矩为主，但在结构计算中剪力和扭矩往往可以忽略。板在建筑工程中一般应用于楼板、屋面板、基础板、墙板等。

板按平面形状可分为方形板、矩形板、圆形板、扇形板、三角形板、梯形板和各种异形板等；按截面形状可分为实心板、空心板、槽形板、单（双）T形板、单（双）向密肋板、压型钢板、叠合板等；按所用材料可分为木板、钢板、钢筋混凝土板、预应力板等；按受力特点可分为单向板（图5-1）和双向板（图5-2）等两种；按支承条件可分为四边支承板、三边支承板、两边支承板、一边支承板和四角点支承板等；按支承边的约束条件还可分为简支边板、固定边板、连续边板、自由边板等。

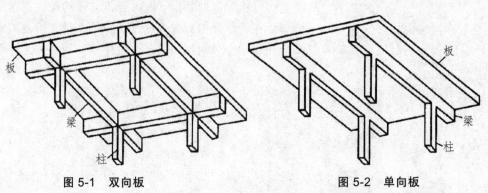

图 5-1　双向板　　　　　　　　　图 5-2　单向板

2. 梁

梁一般是指承受垂直于其纵轴方向荷载的线型构件，其截面尺寸远小于跨度。如果荷载重心作用在梁的纵轴平面内，则该梁只承受弯矩和剪力，否则还承受扭矩作用。如果荷载所在平面与梁的纵对称轴面斜交或正交，则该梁处于双向受弯、受剪状态，甚至还可能同时受扭矩作用。梁通常水平放置，有时也可斜向设置以满足使用要求（如楼梯梁）。梁的截面高度与跨度之比称为高跨比，一般为 1/8 ~ 1/16，高跨比大于 1/4 的梁称为深梁。梁的截面高度通常大于截面宽度，但因工程需要，梁宽大于梁高的，称为扁梁；梁的高度沿轴线变化的，称为变截面梁。

梁按截面形状可分为矩形梁、T 形梁、倒 T 形梁、I 形梁、Z 形梁、工字形梁、槽形梁、箱形梁、空腹梁、薄腹梁、扁腹梁等，还有等截面梁、变截面梁、叠合梁等；按所用材料可分为钢梁、钢筋混凝土梁、预应力混凝土梁、木梁以及钢与混凝土组成的组合梁等（图 5-3、图 5-4）。

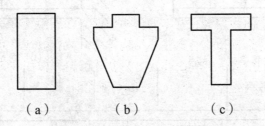

（a） （b） （c）

图 5-3 钢筋混凝土梁的截面类型

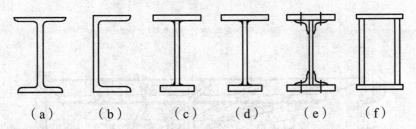

（a） （b） （c） （d） （e） （f）

图 5-4 钢梁的截面类型

梁按常见支承方式可分为简支梁、悬臂梁、一端简支另一端固定的梁、两端固定的梁、连续梁等。

（1）简支梁[图 5-5（a）]：两端支座仅提供竖向约束，而不提供转角约束的支撑结构。简支梁仅在两端受铰支座约束，主要承受正弯矩，一般为静定结构。体系温变、混凝土收缩徐变、张拉预应力、支座移动等都不会在梁中产生附加内力，受力简单，简支梁为力学简化模型。

（2）悬臂梁[图 5-5（b）]：梁的一端固定在支座上，使该端不能转动，也不能产生水平和垂直移动（称为固定支座），另一端可以自由转动和移动（称为自由端）的梁称为悬臂梁。

（3）一端简支另一端固定梁[图 5-5（c）]：在悬臂梁的自由端加设滚动支座的称为一端简支一端固定的梁。

（4）两端固定梁[图 5-5（d）]：两端都是固定支座的梁称为两端固定的梁。

（5）连续梁[图 5-5（e）]：具有两个以上支座的梁称为连续梁。

梁按其在结构中的位置可分为主梁、次梁、连系梁、圈梁、过梁等（图5-6）。次梁一般直接承受板传来的荷载，再将板传来的荷载传递给主梁。主梁除承受板直接传来的荷载外，还承受次梁传来的荷载。连系梁主要用于连接两榀框架梁，使其成为一个整体。圈梁一般用于砖混结构，将整个建筑围成一体，增强结构的抗震性能。过梁一般用于门窗洞口的上部，用以承受洞口上部结构的荷载。

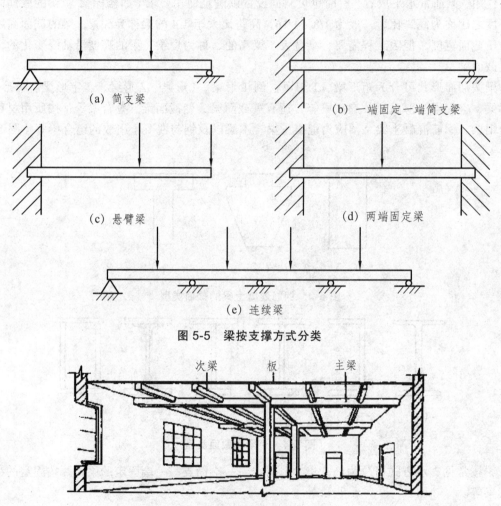

(a) 简支梁

(b) 一端固定一端简支梁

(c) 悬臂梁

(d) 两端固定梁

(e) 连续梁

图 5-5　梁按支撑方式分类

图 5-6　主梁与次梁

3. 柱

柱是指承受平行于其纵轴方向荷载的线形构件，其截面尺寸远小于高度，工程结构中柱主要承受压力，有时也同时承受弯矩。

柱按截面形式可分为方柱、圆柱、管柱、矩形柱、工字形柱、H 形柱、I 形柱、十字形柱、双肢柱、格构柱等；按所用材料可分为石柱、砖柱、砌块柱、木柱、钢柱、钢筋混凝土柱、劲性钢筋混凝土柱、钢管混凝土柱和各种组合柱等；按柱的破坏特征或长细比可分为短柱、长柱及中长柱；按受力特点可分为轴心受压柱和偏心受压柱等（图5-7）。

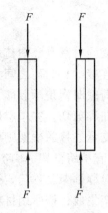

（a）轴心受压 （b）偏心受压

图 5-7 轴心受压和偏心受压柱

钢柱常用于大中型工业厂房、大跨度公共建筑、高层建筑、轻型活动房屋、工作平台、栈桥和支架等。钢柱按截面形式可分为实腹柱和格构柱（图 5-8）。实腹柱是指截面为一个整体，常用截面为工字形截面的柱；格构柱是指柱由两肢或多肢组成，各肢间用缀条或缀板连接的柱。钢筋混凝土柱是最常见的柱，广泛应用于各种建筑。钢筋混凝土柱按制造和施工方法可分为现浇柱和预制柱。劲性钢筋混凝土柱是在钢筋混凝土柱的内部配置型钢，与钢筋混凝土协同受力的柱，它可减小柱的截面，提高柱的刚度，但用钢量较大。

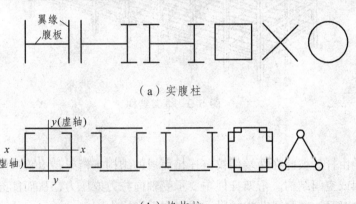

（a）实腹柱

（b）格构柱

图 5-8 钢柱的截面形式

钢管混凝土柱是用钢管作为外壳，内浇混凝土的柱，是劲性钢筋混凝土柱的另一种形式。

4. 基 础

基础是地面以下部分的结构构件，用来将上部结构所承受的荷载传给地基。

基础按埋置深度分，有浅基础（如墙基础、柱基础、片筏基础）、深基础（如桩基础、沉箱）等；按结构形式分，有单独基础、墙下条形基础、柱下交叉基础、柱下联合基础、片筏基础、箱形基础、壳形基础、桩基础（支承桩、摩擦桩、直桩、斜桩）、沉箱基础等；按受力特点分，有柔性基础（承受弯矩、剪力为主）、刚性基础（承受压力为主）等；按所用材料分，有砖基础、条石基础、毛石基础、三合土基础、混凝土基础、钢筋混凝土基础等。

5. 框　架

框架是由横梁和立柱联合组成的能同时承受竖向荷载和水平荷载的结构构件。在一般建筑物中，框架的横梁和立柱都是刚性连接的，它们之间的夹角在受力前后是不变的；连接处的刚性是框架在承受竖向荷载和水平荷载时衡量承载能力和稳定性的量度，刚性连接使框架的梁和柱既能承受轴力，又能承受弯曲和剪切。在单层厂房中，由横梁和立柱刚性连接的框架也称刚接排架；横梁和立柱间用铰支承连接的框架则称铰接排架，简称排架。

框架按跨数、层数和立面构成分，有单跨框架、多跨框架，单层框架、多层框架（图 5-9），以及对称框架、不对称框架等，单跨对称框架又称门式框架；按受力特点分，有平面框架和空间框架等，空间框架也可由平面框架集成；按所用材料分，有钢筋混凝土框架、预应力混凝土框架、钢框架、组合框架等。

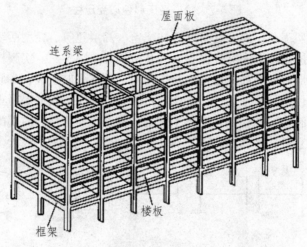

图 5-9　框架结构

6. 桁　架

桁架是一种由杆件彼此在两端用铰链连接而成的结构。桁架是由直杆组成的一般具有三角形单元的平面或空间结构。桁架杆件主要承受轴向拉力或压力，从而能充分利用材料的强度，在跨度较大时可比实腹梁节省材料，减轻自重和增大刚度。

桁架的优点是杆件主要承受拉力或压力，可以充分发挥材料的作用，节约材料，减轻结构质量。常用的有钢桁架、钢筋混凝土桁架、预应力混凝土桁架、木桁架、钢与木组合桁架、钢与混凝土组合桁架。

根据组成桁架杆件的轴线和所受外力的分布情况，桁架可分为平面桁架和空间桁架。

（1）平面桁架。

组成桁架的杆件的轴线和所受外力都在同一平面上的桁架叫平面桁架。平面桁架可视为在一个基本的三角形框上添加杆件构成的。每添加两个杆，须形成一个新节点才能使结构的几何形状保持不变。这种能保持几何坚固性的桁架叫作无余杆（或叫无冗杆）桁架。如果只添加杆件而不增加节点，就不能保持桁架的几何坚固性，这种桁架叫作有余杆（或叫有冗杆）桁架。

（2）空间桁架。

组成桁架各杆件的轴线和所受外力不在同一平面上的桁架叫空间桁架。在工程上，有些空间桁架不能简化为平面桁架来处理，如网架结构、塔架、起重机构架等。空间桁架的节点为光滑球铰结点，杆件轴线都通过联结点的球铰中心并可绕球铰中心的任意轴线转动。每个节点在空间有三个自由度。

7. 网 架

网架是指由多根杆件按照一定的网格形式通过节点链接而成的空间结构，具有空间受力小、质量轻、刚度大、抗震性能好等优点，可用作体育馆、影剧院、展览厅、候车厅、体育场看台雨篷、飞机库、双向大柱距车间等建筑的屋盖。其缺点是汇交于节点上的杆件数量较多，制作安装较平面结构复杂（图5-10）。

图5-10 网架结构

（1）网架按本身的构造可分为单层网架结构、双层网架结构、三层网架。其中，单层网架和三层网架分别适用于跨度很小（不大于30 m）和跨度特别大（大于100 m）的情况，在国内的工程中应用极少。

（2）网架按建造材料分为钢网架、铝网架、木网架、塑料网架、钢筋混凝土网架和组合网架（如钢网架与钢筋混凝土板共同作用的组合网架等）。其中钢网架在我国得到了广泛的应用，组合网架还可以用作楼板层结构。

（3）网架按支承情况可分为周边支承、四点支承、多点支承、三边支承、对边支承以及混合支承形式。

（4）按组成方式不同，又可将网架分为交叉桁架体系网架、三角锥体系网架、四角锥体系网架、六角锥体系网架四大类。

8. 拱

拱结构是一种主要承受轴向压力并由两端推力维持平衡的曲线或折线形构件。拱结构比桁架结构具有更大的力学优点。在外力作用下，拱主要产生压力，使构件摆脱了弯曲变形。如用抗压性能较好的材料（如砖石或钢筋混凝土）去做拱，正好发挥材料的性能。不过拱结构支座（拱脚）会产生水平推力，跨度大时这个推力也大，要对付这个推力仍是一桩麻烦而又耗费材料之事。由于拱结构的这个缺点，在实际工程应用上，桁架还是比拱用得普遍。

9. 壳　体

壳体主要以沿厚度均匀分布的中面应力，而不是以沿厚度变化的弯曲应力来抵抗外荷载。壳体的这种内力特征使得它比平板能更充分地利用材料强度，从而具有更大的承载能力。在水利工程中，壳体应用广泛，例如双曲扁壳闸门、拱坝等。

10. 剪力墙

剪力墙又称抗风墙、抗震墙或结构墙，是房屋或构筑物中主要承受风荷载或地震作用引起的水平荷载和竖向荷载（重力）的墙体，以防止结构剪切（受剪）破坏，一般用钢筋混凝土做成。

剪力墙分为平面剪力墙和筒体剪力墙。平面剪力墙用于钢筋混凝土框架结构、升板结构、无梁楼盖体系中。为增加结构的刚度、强度及抗倒塌能力，在某些部位可现浇或预制装配钢筋混凝土剪力墙。现浇剪力墙与周边梁、柱同时浇筑，整体性好。筒体剪力墙用于高层建筑、高耸结构和悬吊结构中，由电梯间、楼梯间、设备及辅助用房的间隔墙围成，筒壁均为现浇钢筋混凝土墙体，其刚度和强度较平面剪力墙大，可承受较大的水平荷载。

墙根据受力特点可以分为承重墙和剪力墙：前者以承受竖向荷载为主，如砌体墙；后者以承受水平荷载为主。在抗震设防区，水平荷载主要由水平地震作用产生，因此剪力墙有时也称为抗震墙。

5.1.2　建筑结构的基本受力状态

构件的基本受力状态可以分为拉、压、弯、剪、扭五种，如图 5-11 所示。一般构件的受力状态都可分解为这几种基本受力状态；反之，由这五种基本受力状态可以组合成各种复杂的受力状态。

1. 轴心受拉

轴心受拉是最简单的受力状态。不论构件截面形状如何，只要外力通过截面形心，截面上各点受力均匀，构件上任意一点的材料强度都可以被充分利用。

对于适合抗拉的材料（如钢材），尤其对于高强钢丝等抗拉强度高的材料，轴心受拉是最经济合理的受力状态。目前，高强钢丝在悬索、悬挂结构中得到广泛应用，就是采用了轴心受拉的合理受力状态。在悬挂式房屋建筑中，采用高强度钢绞线组成的拉索，截面很小，甚至可以隐蔽在窗框内，这样可以为人们提供十分开阔的视野。

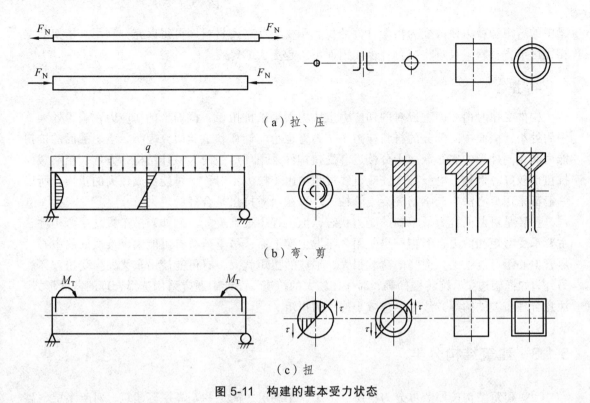

（a）拉、压

（b）弯、剪

（c）扭

图 5-11　构建的基本受力状态

2. 轴心受压

轴心受压与轴心受拉相比截面应力状态完全相同，截面上应力分布均匀，只是拉压方向相反，对于适合受压的材料（如混凝土、砌体以及钢材等）也是很好的受力状态。但受压构件较细长时会存在稳定问题，偶然的附加偏心会降低构件承载力，甚至引起失稳。

轴心受压虽然要考虑适当采用回转半径较大的截面形式，但由于其截面材料能得以较充分利用，所以具有很好的受力状态，尤其对于石材、混凝土、砌体等抗压强度较高而抗拉性能很差的材料，一般叮就地取材，因而价格较低。例如：石拱桥就是充分利用了石材抗压的特点，结构经济合理。

现代结构构件通常首先考虑使用混凝土或钢材作为抗压材料，混凝土以其成本低、强度高而得到普遍采用。目前，我国已能生产 C80（或 C85）高强度商品混凝土，其立方体抗压强度标准值达 80 N/mm^2（或 85 N/mm^2）。混凝土自重较大，限制了它的使用范围，因而轻质高强混凝土的研究有着广阔的前景。钢材自重轻，强度较高，因而在大跨结构、重型结构或超高层建筑中应用较多。

3. 弯和剪

弯和剪往往同时发生，工程中纯弯或纯剪的情况很少。以常见的简支梁为例：跨中弯矩最大，支座附近弯矩很小；而支座附近剪力最大，跨中剪力很小。

弯和剪也是常见的受力状态，但对截面材料的利用不充分。这种受力状态在工程中不可避免，所以选用合理的截面形式和结构形式就很重要。对于较大跨度的梁，如果改用桁架，梁中的弯矩和剪力便改变为桁架杆件的拉、压受力状态，材料即可得以充分利用。桁架和梁相比可节省材料，自重将减轻许多，因而可跨越更大的跨度。

4. 扭

构件受扭时由截面上成对的切应力组成力偶来抵抗扭矩，截面上的切应力在边缘处大，中间处小；截面中间部分的材料应力小，力臂也小。计算和试验研究表明，空心截面的抗扭能力和相同外形的实心截面十分接近。受扭构件采用环形截面为最佳结构，方形、箱形截面抗扭也较好。例如，电线杆在安装电线过程中由于拉力不对称，可能形成较大的扭矩，所以一般都采用离心法生产钢筋混凝土管柱，环形截面对抗扭是合理的。

扭转是对截面抗力最不利的受力状态，但工程中很难避免。例如，吊车梁是受弯构件，主要承受弯矩和剪力，但当厂房使用多年发生变形后，吊车荷载有可能偏离梁截面的中心，尽管偏心距可能不大，但竖向荷载很大，形成的扭矩就大，有可能使吊车梁发生受扭破坏。另外，如框架边梁、旋转楼梯等，都存在较大的扭矩。设计中通常采用选择合理的截面形式、注意合理布置结构等方法来尽量减小构件的扭矩。

5.1.3　建筑结构分类

（1）建筑结构按层数可分为单层、多层、小高层、高层和超高层等建筑，对于多层、高层和超高层建筑的划分标准，各国是不同的。我国[见《民用建筑设计通则》（ GB 50352—2005)]民用建筑按地上层数或高度分类划分应符合下列规定：一层至三层为低层住宅，四层至六层为多层住宅，七层至九层为中高层住宅，十层及十层以上为高层住宅；除住宅建筑之外的民用建筑高度不大于 24 m 者为单层和多层建筑，大于 24 m 者为高层建筑（不包括建筑高度大于 24 m 的单层公共建筑）；建筑高度大于 100 m 的民用建筑为超高层建筑。

（2）按材料分类有混凝土结构、砌体结构、钢结构、木结构。

（3）按承重结构类型分类有砖混结构、框架结构、剪力墙结构、框架-剪力墙结构、筒体结构、排架结构。

（4）按结构的用途可以分居住建筑结构、公共建筑结构、工业建筑结构、农业建筑结构等。

（5）施工方法：现浇整体式、预制拼装式、预制整体式。

5.1.4　建筑结构的发展史

建筑结构的发展与建筑材料的发展、结构理论的完善、建筑技术的应用以及建筑设备的发明密不可分。

早在石器时代，建筑结构的修建主要依靠经验，工具仅限于简单的手工器具（斧、锤、刀和石夯等），所用材料主要取之于自然（如石块、草筋、土坯等）。最原始的土木建筑工程除了穴居山洞以外，还有巢居窝棚。在新石器时代后期仰韶文化（我国黄河流域，约公元前5 000—公元前 3 000 年）遗址中已经发现用木骨架泥墙构成的居室并有制造陶器的窑场。到了公元前 1 000 年左右，人们开始使用黏土烧制瓦、砖，建筑结构的形式就有了木结构、砖

结构、砖木混合结构、石结构等形式。

西方保留下来的宏伟建筑（或建筑遗址）有很多为砖石结构。著名的埃及金字塔、希腊帕特农神庙、古罗马斗兽场等都是令人叹为观止的古代石结构。建于公元前 2 700—公元前 2600 年间的埃及金字塔中最大的胡夫金字塔塔底呈正方形，每边长 230.5 m，高约 140 m，用 230 余万块巨石砌筑而成。又如在公元 532 年—537 年，土耳其伊斯坦布尔修建的索菲亚大教堂（图 5-12）为砖砌穹顶，直径约 30 m，穹顶高约 50 m，整体支承在用巨石砌成的大柱（截面约 7 m×10 m）上，非常宏伟。

中国古代建筑大多为木结构加砖墙建成。1056 年（辽代清宁二年）建成的山西应县木塔（佛宫寺释迦塔），是国内现存最古、最高的全木结构塔，塔高 67.31 m，共 9 层，横截面呈八角形，底层直径达 30.27 m，塔的造型及细部处理都表现出极高的艺术和技术水准，是中国古代建筑中的优秀范例（图 5-13）。

图 5-12　索菲亚大教堂

图 5-13　山西应县木塔

中国古代的砖石结构也很有成就，不但有举世闻名的万里长城，而且建于 1055 年的中国河北定县开元寺塔（高 84.2 m）也曾是当时世界上最高的砌体结构。

随着建筑工程经验的丰富，经验总结和描述外形设计的土木工程著作也逐渐出现（如公元前 5 世纪的《考工记》、北宋李诫的《营造法式》等）。自 17 世纪中叶至第二次世界大战前后，土木工程逐渐形成了一门独立学科，建筑结构设计也有了比较系统的理论指导以及新材料、新技术的发现和发明都有了极大的改观。钢材大量生产并应用于房屋、桥梁等建筑。混凝土及钢材的推广应用，使得土木工程师可以运用这些材料建造更为复杂的工程设施。新的施工机械、施工方法为建筑结构的建造提供了强有力的手段。

1886 年，美国首先采用了钢筋混凝土楼板。1928 年，预应力混凝土被发明。随后，预应力空心板在世界各国被广泛使用。1934 年，上海建成了 24 层的国际饭店，成为当时中国最高的建筑（这个纪录直到 20 世纪 80 年代广州白云宾馆建成才被打破）。

第二次世界大战以后，世界经济、现代科学技术的迅速发展为建筑结构的进一步发展提供了强大的物质基础和技术手段。

功能的多样化要求公共建筑和住宅建筑的结构布置要与水、电、煤气供应，以及室内温、湿度调节控制等现代化设备相结合。许多工业建筑则提出了恒湿、恒温、防微振、防腐蚀、防辐射、防磁、无微尘等要求，并向跨度大、分隔灵活、工厂花园化的方向发展。建筑结构材料逐渐以钢筋混凝土、钢、钢骨钢筋混凝土以及轻质高强、环保的材料为主。

经济发展和人口增长造成的城市用地紧张、交通拥挤、地价昂贵，又迫使建筑结构向高层和地下发展。现代化城市建设是地面、空中、地下同时展开的，形成了立体化发展的局面。建筑结构的类型又多以框架、剪力墙、框架-剪力墙、筒体结构等为主流。

未来，将有许多重大工程项目陆续兴建，人类也将向太空、海洋、荒漠开拓建筑结构所用材料，向轻质、高强、多功能化发展，这对建筑结构的材料、设计、技术等提出了更高的要求。

建筑结构的材料将比钢材、混凝土、木材和砖石等有较大突破，传统材料的改性、化学合成材料的应用会很普遍。目前，应用很广的混凝土材料将会在强度（比钢材）低、韧性差、重量大等方面得到改善，钢材的易锈蚀、不耐火问题也会逐渐被解决。目前，主要用于门窗、管材、装饰材料的化学合成材料将会成为大面积围护材料及结构骨架材料。一些具有耐高温、保温隔声、耐磨耐压等优良性能的化工制品，将用于制造隔板等非承重功能构件。轻质、高强、耐腐蚀碳纤维不仅可用于结构补强，而且在其成本降低后可望用作混凝土的加筋材料。

建筑结构的设计方法的精确化、设计工作的自动化成为必然，信息和智能化技术将全面引入结构工程。人们对工程的设计计算不再受人类计算能力的局限，设计绘图也普遍采用计算机。大型工程如三峡大坝、海上采油平台、海底隧道等工程，在计算机说明下，可以大大提高效率和精度。许多毁于小概率、大荷载作用（台风、地震、火灾、洪水等灾害作用）的工程结构性能很难一一去做实验验证，而计算机仿真技术可以在计算机上模拟原型大小的工程结构在灾害荷载作用下从变形到倒塌的全过程，从而揭示结构不安全的部位和因素。用此技术指导设计可大大提高工程结构的可靠性。

5.2 单层与大跨建筑

5.2.1 单层建筑

公用建筑如影剧院放映厅、工程结构实验室，民用建筑如别墅、车库，工业建筑如厂房、仓库，农业建筑如蔬果大棚等往往采用单层结构。

小型建筑可以采用砌体砌筑，大型建筑则采用钢筋混凝土或钢结构。

图 5-14 所示为单层工业厂房，其基本组成构件通常有：屋盖结构、吊车梁、柱子、支撑、基础和围护结构等。屋盖结构用于承受屋面的荷载，包括屋面板、天窗架、屋架或屋面梁、托架。屋面板过去多采用自重较大的大型预制混凝土板，现已逐渐被轻型压型钢板所取代。天窗架主要为车间通风和采光需要而设置，架设在屋架上。屋架为屋面的主要承重构件，多采用角钢组成桁架结构，亦可采用变截面的 H 型钢作为屋面梁。托架仅用于柱距比屋架的间距大时支承屋架，再将其所受的荷载传给柱子。吊车梁用于承受吊车的荷载，将吊车荷载传递到柱子上。柱子为厂房中的主要承重构件，上部结构的荷载均由柱子传给基础。基础将柱子和基础梁传来的荷载传给地基。围护结构多是由砖砌筑并与压型钢板结合而成作为墙板的。

当前，新出现的轻型钢结构建筑（图5-15）中柱子和梁均采用变截面H型钢，梁柱的连接节点做成刚接，因其施工方便、施工周期短、跨度大、用钢量经济，在单层厂房、仓库、冷库、候机厅、体育馆中已有越来越广泛的应用。

新出现的拱形彩板屋顶建筑，用拱形彩色热镀锌钢板作为屋面，自重轻、工期短、造价低，彩板之间用专用机具咬合缝，不漏水，已在很多工程中采用。

图5-14 钢筋混凝土单层厂房结构

1—基础；2—基础梁；3—排架柱；4—抗风柱；5—连系梁；6—吊车梁；7—屋架；8—屋面板；9—天沟；
10—屋架上弦支撑；11—屋架下弦横向水平支撑；12—屋架下弦纵向水平支撑；
13—屋架竖向支撑；14—柱间支撑；15—围护结构

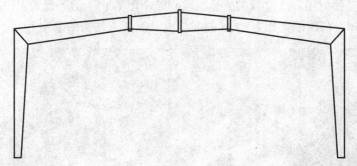

图5-15 轻型钢结构厂房构件

5.2.2 大跨度结构

大跨度结构常用于展览馆、体育馆、飞机机库等，其结构体系有很多种，如网架结构、索结构、薄壳结构、充气结构、应力膜皮结构、混凝土拱形桁架等。

网架结构（图 5-16）是大跨度结构中最常见的结构形式，其杆件多采用钢管或型钢，现场安装。首都机场 A380 停机库就是一个网架结构工程，该工程总建筑面积 6.4 万平方米，局部地上三层，地下一层，由机库大厅和附楼组成，其中机库大厅跨度 2×176.3 m，进深 110 m，屋盖顶高 39.8 m。其中，屋盖结构为三层焊接球型钢网架，总面积 3.9 万平方米，总质量约 7 000 t，采用地面组装，一次整体提升到位的施工方法施工。

图 5-16　网架结构

索结构来源于桥梁中的悬索。天津滨海国际会展中心是 2008 年夏季达沃斯论坛主会场，屋盖结构体系采用了大跨度斜拉折板网格结构，其中，屋面上下层的每个折板形单元为 1 榀平面钢管相贯桁架，这些折板形的平面桁架通过竖向和斜向的平面钢管相贯桁架构成了屋盖钢结构体系。

薄壳就是利用了蛋壳结构原理，由于这种结构的拱形曲面可以抵消外力的作用，结构更加坚固。龟壳的背甲呈拱形，跨度大，包括许多力学原理。虽然它只有 2 mm 的厚度，但使用铁锤敲砸也很难破坏它。建筑学家模仿它进行了薄壳建筑设计。这类建筑有许多优点：用料少，跨度大，坚固耐用。举世闻名的悉尼歌剧院（图 5-17）的外观为三组巨大的壳片，耸立在南北长 186 m、东西最宽处为 97 m 的现浇钢筋混凝土结构的基座上。

图 5-17　悉尼歌剧院

充气结构，又名"充气膜结构"，是指在以高分子材料制成的薄膜制品中充入空气后而形成房屋的结构。充气式结构又可分为气承式膜结构和气胀式膜结构（或叫气肋式膜结构）。气承式膜结构（索膜结构，图5-18）是通过压力控制系统向建筑物内充气，使室内外保持一定的压力差，覆盖膜体受到上浮力，并产生一定的预张应力，以保证体系的刚度。室内设置空压自动调节系统，来及时地调整室内外气压，以适应外部荷载的变化。由于跨中不需要任何支撑，因此适用于超大跨度的建筑，一般用于大型体育馆。气胀式膜结构是向单个膜构件内充气，使其保持足够的内压，多个膜构件进行组合可形成一个一定形状的整体受力体系，这种结构对膜材自身的气密性要求很高，或需不断地向膜构件内充气。最典型的充气膜结构建筑是水立方（图5-19），水立方的内外立面充气膜结构共由3 065个气枕组成，最大的达到70 m²，覆盖面积达到10万平方米，展开面积达到26万平方米，是世界上规模最大的充气膜结构工程，也是唯一一个完全由膜结构来进行全封闭的大型公共建筑。

图 5-18　膜结构

图 5-19　水立方

5.3　多层与高层建筑

多层和高层结构主要应用于居民住宅、商场、办公楼、旅馆建筑。近几年来，国家为提高居民的人均居住面积，解决居民的居住困难问题，大力推动中国的住宅建设。同时，随着经济的发展和房地产业的兴起，多层和高层建筑在中国大地大量涌现。

5.3.1　多层建筑

多层建筑常用的结构形式为混合结构、框架结构。

混合结构是指用不同的材料建造的房屋结构，通常墙体采用砖砌体，屋面和楼板采用钢筋混凝土结构，故称为砖混结构。目前，我国的砖混结构最高已经达到11层，局部已经达到12层。以前，混合结构的墙体主要采用普通黏土砖，但因普通黏土砖的制作需要大量的黏土，对我们宝贵的土地资源是很大的消耗，因此，国家已经逐渐在各地区禁止大面积使用普通黏土砖，推广空心砌块砖。

框架结构强度高、自重轻、整体性和抗震性能好，可使建筑平面布置灵活并获得较大的使用空间，因而被广泛采用，主要应用于多层工业厂房、仓库、商场、办公楼等建筑。

多层建筑可采用现浇，也可采用装配式或装配整体式结构。其中，现浇钢筋混凝土结构整体性好，适应各种有特殊布局的建筑；装配式和装配整体式结构采用预制构件，现场组装，其整体性较差，但便于工业化生产和机械化施工。装配式结构在前段时期比较盛行，但泵送混凝土的出现，使混凝土的浇筑变得方便快捷，机械化施工程度也较高，因此近年来，多层建筑已逐渐趋向于采用现浇混凝土结构。

5.3.2　高层建筑

高层建筑近年来在我国发展迅猛。高层建筑的结构形式主要有：框架结构、框架-剪力墙结构、剪力墙结构、框支-剪力墙结构、筒体结构等。

框架结构受力体系由梁和柱组成，在承受竖向荷载方面能够满足要求，在承受水平荷载方面能力很差，因此仅适于房屋高度不大、层数不多时采用。当层数较多时，水平荷载的影响会造成梁、柱的截面尺寸很大，与其他结构体系相比，在技术经济方面并不合理。北京的长富宫饭店（图 5-20）是框架结构，地下 2 层，地上 26 层，地面上总高度为 90.85 m。还有长城饭店主楼，地下 2 层，地上 22 层，地上总高度为 82.85 m。

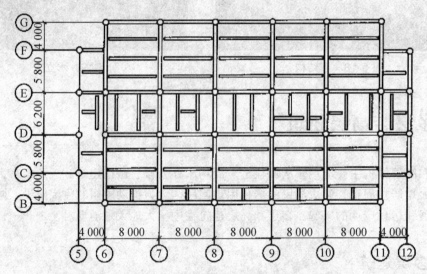

图 5-20　北京长富宫饭店结构标准层平面图

框架-剪力墙结构（图 5-21）利用了剪力墙（一段钢筋混凝土墙体），抗剪能力很强，可以承受绝大部分水平荷载作用，使框架与剪力墙协同受力，而框架则以承受竖向荷载作用为主，这样可大大减小柱子的截面。剪力墙在一定程度上限制了建筑平面布置的灵活性。这种体系一般用于办公楼、旅馆、住宅以及某些工艺用房。

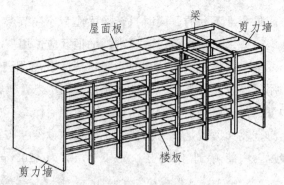

图 5-21　框架-剪力墙结构

剪力墙结构（图5-22）全部由纵横布置的剪力墙组成，此时的剪力墙不仅承受水平荷载作用，亦承受竖向荷载作用。剪力墙结构适用于房屋的层数高，横向水平荷载已对结构设计起控制作用的结构。剪力墙结构空间分隔固定，建筑布置极不灵活，所以一般用于住宅、旅馆等建筑中。建于1976年的广州白云宾馆，地上33层，地下1层，高112.45 m，采用钢筋混凝土剪力墙结构，是我国第一座超过100 m的高层建筑（图5-23）。

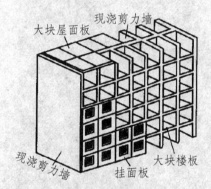

图 5-22　剪力墙结构

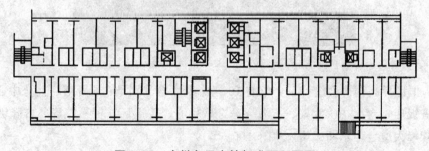

图 5-23　广州白云宾馆标准层平面图

框支-剪力墙结构是为了缓解现代城市用地紧张而采用上部为住宅楼或办公楼，而下部开设商店的结构形式。由于建筑物上下两部分的使用功能完全不同，对空间大小的需求不同，因此将剪力墙结构与框架结构组合在一起。在其交界位置设置巨型的转换大梁，将上部剪力墙的荷载传到下都柱子上。框支-剪力墙结构中的转换大梁一般高度较大，常接近于一个层高，该层常常用作设备层。上部的剪力墙刚度较大，而下部的框架结构刚度较小，其差别一般较大，这对整体建筑的抗震是非常不利的，同时，转换梁作为连接节点，受力亦非常复杂，因此设计时应予以充分考虑，特别是在抗震设防要求高的地区应慎用。

筒体结构是由一个或多个筒体作承重结构的高层建筑体系，适用于层数较多的高层建筑。筒体在侧向风荷载的作用下，其受力类似于刚性的箱形截面的悬臂梁，迎风面将受拉，而背风面将受压。筒体结构可分为框筒体系、筒中筒体系、桁架筒体系、成束筒体系等。

建于 1999 年的上海金茂大厦就是筒中筒体系（周边的框架柱布置较密时可将其视为外筒，而将内芯的剪力墙视为内筒），地上 88 层，地下 3 层，高 420.5 m（图 5-24）。

图 5-24　上海金茂大厦

目前，据世界高楼协会统计，全球前 10 座摩天大楼分别是：迪拜塔、上海中心大厦、麦加皇家钟塔饭店、台北 101 大楼、上海环球金融中心、香港环球贸易广场、吉隆坡石油双子塔、南京紫峰大厦、西尔斯大厦、京基 100。

迪拜塔（又名哈利法塔）高 828 m（图 5-25），世界第一高楼，楼层总数为 162 层，造价 15 亿美元，大厦本身的修建耗资至少 10 亿美元，还不包括其内部大型购物中心、湖泊和稍矮的塔楼群的修筑费用。哈利法塔总共使用 33 万立方米混凝土、6.2 万吨强化钢筋、14.2 万平方米玻璃。为了修建哈利法塔，共调用了大约 4 000 名工人和 100 台起重机，把混凝土垂直泵上逾 606 m 的地方，打破上海环球金融中心大厦建造时的 492 m 纪录。大厦内设有 56 部升降机，速度最高达 17.4 m/s；另外还设有双层的观光升降机，每次最多可载 42 人。

图 5-25　迪拜塔

图 5-26　上海中心大厦

上海中心大厦（图 5-26）是我国上海市的一座超高层地标式摩天大楼，其设计高度超过附近的上海环球金融中心。项目面积 433 954 m²，建筑主体为 118 层，总高为 632 m，结构高度为 580 m，机动车停车位布置在地下，可停放 2 000 辆车。2008 年 11 月 29 日进行主楼桩基开工，2016 年 3 月 12 日，上海中心大厦建筑总体正式全部完工。

麦加皇家钟塔饭店（图 5-27）是一栋位于沙特阿拉伯王国伊斯兰教圣城麦加的复合型建筑，建筑高度 601 m，共 120 层。建筑整体于 2004 年开工，是世界第三高楼，仅次于迪拜塔（828 m）和上海中心大厦（632 m）。

台北 101 大楼（图 5-28）位于中国台北，2004 年建成，共 101 层，楼高 509 m。它融合了东方古典文化及台湾本土特色，造型宛若劲竹节节高升、柔韧有余，象征生生不息的中国传统建筑内涵；同时，运用高科技材质及创意照明，以透明、清晰营造视觉穿透效果，与自然及周围环境和谐融合，为人们带来视觉上全新的体验。该楼中的电梯以世界顶级速度运行，上升速度为 1 010 m/min，下降速度为 600 m/min，每小时运行距离为 60.6 km。

图 5-27　麦加皇家钟塔饭店

图 5-28　台北 101 大楼

上海环球金融中心（图 5-29）位于上海陆家嘴浦东新区世纪大道 100 号。它是以日本的森大厦株式会社为中心，联合日本、美国等 40 多家企业投资兴建的项目，总投资超过 1 050 亿日元。原本设计高度为 460 m，后修改为 492 m，工地地块占地面积为 3 万平方米，总建筑面积达 38.16 万平方米，比邻金茂大厦。2008 年 8 月 29 日竣工，造价为 73 亿元人民币。

香港环球贸易广场（图 5-30）是一座 118 层高的综合式大楼，为九龙站（Union Square）的最后一期发展项目。大厦外形由世界著名建筑事务所 Kohn Pedersen Fox Associates（KPF）设计。其可用楼层的水平高度达 490 m，实际高度则为 484 m。大楼内提供 23 万平方米甲级写字楼，每层楼面面积约 3 300 m^2，净楼底高度最高为 2.85～3.15 m，拥有先进的设计及高智能设施。大楼顶层设有一间六星级酒店，提供 312 间房间。此外，大楼在 100 层（而非 118 层）设有公众观景层，让游客可在高处欣赏维多利亚港景色。

图 5-29　上海环球金融中心　　　　图 5-30　香港环球贸易广场

吉隆坡石油双子塔（图 5-31）坐落于马来西亚吉隆坡市，属于此计划区的第一阶段工程，曾经是世界最高的摩天大楼，现在仍是世界最高的双塔楼，楼高 452 m，地上 88 层。塔楼包含约 75 万平方米以上的办公面积、14 万平方米购物和娱乐设施、4 500 辆车位的地下停车场、一个石油博物馆，一个音乐厅，以及一个多媒体会议中心。独立塔楼外形像两个巨大的玉米，故又名双峰大厦，造价约 20 亿马米西亚林吉特。双子塔的设计经由国际性的比稿，最终决定采用著名的西萨佩里建筑事务所提出的构想。整栋大楼的格局采用传统教会建筑的常见几何造型，包含了四方形和圆形，设计风格体现了吉隆坡这座城市年轻、中庸、现代化的城市个性，突出了标志性景观设计的独特性理念。

南京紫峰大厦（图 5-32）位于南京市鼓楼区鼓楼广场，鼓楼转盘西北角，中央路和中山北路交叉口，开发商是上海绿地集团和南京国资集团。该大厦于 2010 年 12 月正式竣工，与上海金茂大厦一样，紫峰大厦也是由世界摩天大楼设计专家美国 SOM 设计事务所设计。大楼建筑用地面积为 18 721 m^2，A1 地块总建筑面积约 26 万平方米，基地内设一高一低 2 栋塔楼（主楼和副楼），用商业裙房将 2 栋塔楼联成一个整体建筑群；主楼地上 89 层，地下 3 层，总高度 450 m。大厦配备机动车位超过 1 000 个，超过上海金茂大厦 800 个机动车位，造价约 40 亿元人民币。

图 5-31　吉隆坡石油双子塔

图 5-32　南京紫峰大厦

西尔斯大厦（图 5-33）位于美国伊利诺伊州芝加哥市。该大厦由美国 SOM 建筑设计事务所建筑师布鲁斯和结构工程师法兹勒汗所设计。整个施工工期不到两年半时间，于 1974 年建成，高 443 m，总建筑面积 418 000 m²，地上 110 层，地下 3 层。大厦造价约 39 亿美元。

京基 100（图 5-34）原名京基金融中心，楼高 441.8 m，共 100 层，是目前深圳第一高楼，位于广东省深圳市罗湖区，由来自英国的两大著名建筑设计公司 TFP 和 ARUP 联合设计，中国建筑第四工程局有限公司承建。京基 100 城市综合体项目总用地 42 353 m²，其中建筑用地 35 990 m²，由京基 100 大厦及 7 栋回迁安置楼构成，总投资近 50 亿元人民币。

图 5-33　西尔斯大厦

图 5-34　京基 100

5.4　特种结构

特种结构是指具有特殊用途的工程结构，包括高耸结构、海洋工程结构、管道结构和容器结构等。

5.4.1　烟　囱

烟囱是工业中常用的构筑物，是把烟气排入高空的高耸结构，能改善燃烧条件，减轻烟气对环境的污染。烟囱的建造可采用砖、钢筋混凝土和钢等三类材料。砖烟囱的高度一般不超过 50 m，多数呈圆截锥形，用普通黏土砖和水泥石灰砂浆砌筑。其优点是：可以就地取材，节省钢材、水泥和模板；砖的耐热性能比普通钢筋混凝土好；由于砖烟囱体积较大，重心较其他材料建造的烟囱低，故稳定性较好。其缺点是：自重大，材料数量多；整体性和抗震性能较差；在温度应力作用下易开裂，施工较复杂，手工操作多，需要技术较熟练的工人施工。钢筋混凝土烟囱多用于高度超过 50 m 的烟囱，外形为圆锥形，一般采用滑模施工，其优点是自重较小，造型美观，整体性、抗风、抗震性好，施工简便，维修量小。钢筋混凝土烟囱按内衬布置方式的不同，可分为单筒式、双筒式和多筒式等。目前，我国最高的单筒式钢筋混凝土烟囱高度为 210 m，最高的多筒式钢筋混凝土烟囱是秦岭电厂 212 m 高的四筒式烟囱。现在世界上已建成的高度超过 300 m 的烟囱达数十座，例如，米切尔电站的单筒式钢筋混凝土烟囱高达 368 m。

钢烟囱自重小、有韧性、抗震性好，适用于地基差的场地，且造价明显比砖烟囱低，但钢烟囱耐腐蚀性差，需经常维护。钢烟囱按其结构可分为拉线式（高度不超过 50 m）、自立式（高度不超过 120 m）和塔架式（高度超过 120 m）等。

5.4.2　水　塔

水塔是储水和配水的高耸结构，是给水工程中常用的构筑物，用来保持和调节给水管网中的水量和水压。水塔由水箱、塔身和基础三部分组成。

水塔按建筑材料分为钢筋混凝土水塔、钢水塔、砖石塔身与钢筋混凝土水箱组合的水塔。水箱也可用钢丝网水泥、玻璃钢和木材等建造。过去欧洲曾建造过一些具有城堡式外形的水塔。法国有一座多功能的水塔，在最高处设置水箱，中部为办公用房，底层是商场。中国也有烟囱和水塔合在一起的双功能构筑物。水箱的形式分为圆柱壳式水箱和倒锥壳式水箱，在中国这种形式应用得最多，此外还有球形水塔、箱形水塔、碗形水塔和水珠形水塔等多种形式的水塔。

塔身一般用钢筋混凝土或砖石做成圆筒形，塔身支架多用钢筋混凝土刚架或钢构架组成。

水塔基础有钢筋混凝土圆板基础、环板基础、单个锥壳与组合锥壳基础和桩基础等。当水塔容量较小、高度不大时，也可采用砖石材料砌筑的刚性基础。

5.4.3　水　池

水池同水塔一样用于储水。不同的是：水塔用支架或支筒支承，而水池多建造在地面或地下。水池按材料可分为钢水池、钢筋混凝土水池、钢丝网水泥水池、砖石水池等，其中，钢筋混凝土水池具有耐久性好、节约钢材、构造简单等优点，应用最广。水池按施工方法可分为预制装配式水池和现浇整体式水池两种。目前推荐用预制圆弧形壁板与工字形柱组成池壁的预制装配式圆形水池，预制装配式矩形水池则用 V 形折板作池壁。

5.4.4　筒　仓

筒仓是贮存粒状和粉状松散物体（如谷物、面粉、水泥、碎煤、精矿粉等）的立式容器，可作为生产企业调节和短期贮存生产用物质的附属设施，也可作为长期贮存粮食的仓库。

根据所用的材料，筒仓可做成钢筋混凝土筒仓、钢筒仓和砖砌筒仓等。钢筋混凝土筒仓又可分为整体式浇筑和预制装配、预应力和非预应力的筒仓等。从经济、耐久和抗冲击性能等方面考虑，我国目前应用最广泛的是整体浇筑的普通钢筋混凝土筒仓。

按照平面形状的不同，筒仓可做成圆形、矩形（正方形）、多边形和菱形，目前国内使用最多的是圆形和矩形（正方形）筒仓。圆形筒仓的直径为 12 m 或 12 m 以下时，其直径采用 2 m 的倍数系列；12 m 以上时采用 3 m 的倍数系列。

按照筒仓的储料高度与直径或宽度的比例关系，可将筒仓划分为浅仓和深仓两类。浅仓主要作为短期储料用，深仓主要供长期储料用。

思 考 题

1. 什么是建筑物的结构？
2. 按所用材料分，结构有哪些形式？
3. 你对哪种结构形式最感兴趣？你周围的建筑物都有哪些结构形式？

课后阅读

悉尼歌剧院建筑结构赏析

1. 建造背景

建造悉尼歌剧院的计划始于 20 世纪 40 年代，悉尼音乐学院的院长 Eugene Goossens 游说建造一个能够表演大型戏剧作品的场所。当时进行戏剧表演的场所悉尼市政厅对于戏剧表演来说太小了。1954 年，Goossens 成功取得了新南威尔士州总理 Joseph Cahill 的支持，Joseph Cahill 要求设计一个专门用于表演歌剧的剧院。也是 Goossens 坚持将歌剧院建在便利朗角（Bennelong Point）上，尽管 Cahill 曾想将其建得离位于 CBD 西北方的温耶德火车站（Wynyard railway station, Sydney）更近一点。

Cahill 于 1955 年 9 月 13 日发起了歌剧院的设计竞赛，共收到了来自 32 个国家的 233 件参赛作品。参赛作品的规定是必须有一个能容下 3 000 人的大厅和一个能容下 1 200 人的小厅，两个厅都要有不同的用途，包括歌剧、交响乐和合唱音乐会、大规模的会议、讲座、芭蕾舞演出和其他演讲。

2. 设计师情况

1956 年，丹麦 37 岁的年轻建筑设计师约恩·乌松（Jorn Oberg Utzon）看到了澳洲政府向海外征集悉尼歌剧院设计方案的广告。虽然对远在天边的悉尼根本一无所知，但是凭着从小生活在海滨渔村的生活积累所迸发的灵感，他完成了这一设计方案，按他后来的解释，他的设计理念既非风帆，也不是贝壳，而是切开的橘子瓣，但是他对前两个比喻也非常满意。但是，当他寄出自己的设计方案时，他并没有料到，又一个"安徒生童话"将要在异域的南半球上演。

1957 年 1 月 29 日，悉尼 N·S·W 艺术馆大厅里，记者云集，评委会庄严宣布：约恩·乌松的方案击败所有 232 个竞争对手，获得第一名。设计方案一经公布，人们都为其独具匠心的构思和超俗脱群的设计而折服了。但是，谁又曾知道，约恩·乌松的方案很早就遭到了淘汰，被大多数评委枪毙而出局。

后来，评选团专家之一，芬兰籍美国建筑师依洛·沙尔兰来悉尼后，提出要看所有的方案，它才从废纸堆中被重新翻出。依洛·沙尔兰看到这个方案后，立刻欣喜若狂，并力排众议，在评委间进行了积极有效的游说工作，最终确立了其优胜地位。

1957 年冬天，丹麦设计师约恩·乌松被宣布赢得了竞赛，得到了 5 000 英镑的奖金。乌松于 1957 年访问了悉尼，帮助监督该项目。1963 年 2 月，他将他的工作室搬去了悉尼。

3. 悉尼歌剧院建造历程

悉尼歌剧院的前身是原本位于便利朗角（Bennelong Point）的麦格理堡垒电车厂，麦格理堡垒电车厂于 1958 年拆除，之后便准备筹建歌剧院。歌剧院的前期准备工作于 1959 年 3 月份开始。歌剧院的建造计划一共有三个阶段：阶段一（1959—1963 年）包括建造矮墙；阶段二（1963—1967 年）建造外部的"壳"结构；阶段三完成内部的设计和装潢（1967—1973 年）。

阶段一（建造矮墙阶段）：

悉尼歌剧院于 1958 年 12 月 5 日开始建造，建筑公司为 Civil & Civic，奥雅纳工程顾问公司的工程师们则负责监督和指导。政府出于对资金和公众舆论的担心力求工程尽快开展，然而约恩·乌松的最终设计却仍未完成。1961 年 1 月 23 日，工程已比预计延后了 47 天，这主要是因为遇到了一些没有预料到的困难（包括天气、没有预料到的雨水改道、工程在正确的结构图准备好之前就已开始、合同文件的改变）。矮墙的工程最终于 1962 年 8 月 31 日完成。迫使工程尽快开展的行为最终导致后来产生了一些显而易见的问题和这样一个事实：矮墙的强度并不能够支撑它的屋顶结构，因此必须要重建。

阶段二（建造外部的"壳"结构阶段）：

在最初的歌剧院设计竞赛中，这些壳并没有几何学上的定义，但在设计过程的开始阶段，这些"壳"被定义为由一系列的混凝土构件组成的排骨支撑起来的抛物线。然而，奥雅纳工程顾问公司的工程师们找不到一个建造这些"壳"的方法。使用原地浇筑的混凝土来建造的计划由于造价高昂而遭到了否决，因为屋顶的结构不同，这样就要求有不同的模具，最终导致造价高昂。

从 1957 年到 1963 年，在最后找到一个经济上可以接受的解决办法之前，设计队伍反复尝试了 12 种不同的建造"壳"的方法（包括抛物线结构、圆形肋骨和椭圆体）。"壳"的设计工作是最早利用电脑进行构造分析来完成的工作之一。在 1961 年中期，设计队伍找到了一个解决办法：所有的"壳"都由球体创建而来。该办法可以使用一个共同的模具浇注出不同长度的圆拱，然后将若干有着相似长度的圆拱段放在一起形成一个球形的剖面。究竟谁是这个解决办法的发明者成了一些争论的主题。

"壳"由 Hornibrook Group Pty Ltd. 建造，他负责建造了第三阶段。Hornibrook 在工厂中制成了 2 400 件预制肋骨和 4 000 件屋顶面板，这加快了工程的进度。这个解决办法的成就在于利用预制混凝土构件从而避免了建造昂贵的模具（他同样允许让屋顶面板在地上就大片地预先建造组合好，而不是在高处一个一个地拼接上）。Ove Arup 和合作方的工地工程师惊讶于这些"壳"在完工前使用了创新的调节型弯曲钢铁桁构梁来支撑不同的屋顶。1962 年 4 月 6 日，悉尼歌剧院被估计将于 1964 年 8 月到 1965 年 3 月之间完成。

阶段三（内部的设计和装潢阶段）：

Utzon 于 1963 年 2 月将他的工作室搬至悉尼。然而，政府在 1965 年发生了改变，新的 Robert Askin 政府宣布悉尼歌剧院建造计划将由公共工程部管辖。这最终导致约恩·乌松于 1966 年辞职。

一直到 1966 年，悉尼歌剧院建造计划的花费仍然只有 2 290 万元（澳大利亚元，下同），少于最终预算 1.02 亿元的 1/4。然而在第三阶段，设计上将会有很大的支出。约恩·乌松辞职的时候，第二阶段的工程正接近完工。Peter Hall 在他辞职后取代了他的位置，Peter Hall 对内部的设计和装潢负最大的责任。一些其他的人也在同年接受任命，取代约恩·乌松的位置。

在 Utzon 辞职之后，声学顾问 Lothar Cremer 向 SOHEC 证实 Utzon 最初的设计仅允许在大厅中安放 2 000 个座位，并进一步指出如果将座位加至 3 000 个的话将会对声音产生灾难性的后果。Peter Jones 在书中提到，舞台设计 Martin Carr 曾评论道：形状、舞台的高度和宽度、为艺术家们提供的物质设施、更衣室的位置、门和电梯的宽度，以及照明设施的位置均是影响大厅布置的因素。

悉尼歌剧院于 1973 年正式完工，总花费为 1.02 亿元。负责主管建造计划的 H. R. Sam Hoare 提供了截至 1973 的总花费：

阶段一：矮墙，Civil & Civic Pty Ltd.，大约为 5 500 万元。

阶段二：屋顶，M. R. Hornibrook (NSW) Pty Ltd.，大约为 1 250 万元。

阶段三：内部的设计和装潢，The Hornibrook Group.，5 650 万元。

其他的合同：舞台设施、舞台照明和风琴，900 万元。

其他的花费和费用：1 650 万元。

1957 年初步计划的成本为 700 万元。最初预计完工日期为 1963 年 1 月 26 日。

4. 悉尼歌剧院结构体系分析和特点

（1）悉尼歌剧院的平面功能布置。

歌剧院有一个音乐厅（2 700 座）、一个歌剧院（1 550 座）、一个话剧院（550 座）、一个兼放电影用的室内小剧场，一个大展览厅，以及录音兼排练室、餐厅及各种辅助用房（图 5-35）。

悉尼歌剧院从外观整体上看，有由 10 对壳体组成的 3 组白色壳状屋顶，两个剧院占用两组大的壳体，另外一组小壳体为餐厅，其中歌剧厅、音乐厅与休息厅并排而立，各由 4 块巨大的壳状屋顶覆盖。这些壳状屋顶依次排列，前三个一个盖着一个，面向海湾依抱，最后一个则背向海湾侍立。可以认为，单个壳体之间的组合是其屋顶的基本组成成分。与巨大的壳形屋顶协调的是底部高达 19 m 的基座，这为屋顶结构提供了一个有效地抗侧推力的手段。在扇形肋拱间形成的空的部位的结构组合上，采用梁板式结构体系，以拱肋的主体结构为基础，于拱肋上搭梁，并且因交接处应力的集中，在结构交接处的部位梁截面较厚，从而形成了这样的一个传力体系：来自屋面板的压力传递给梁，再传递给作为主体结构的拱肋，最后传至大石座基础（图 5-36～图 5-38）。

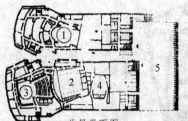

首层平面图
1—歌剧院舞台下部；2—排练厅/录音厅；
3—话剧院舞台；4—电影院/室内小剧场；
5—停车场

二层平面图
1—门厅；2—展览厅；3—合唱队化妆室；
4—排练厅上部；5—排练厅；6—电影院；
7—歌剧院舞台下部

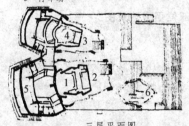

三层平面图
1—音乐厅；2—音乐厅休息厅；3—歌剧院
休息厅；4—舞台；5—休息廊；6—餐厅

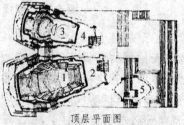

顶层平面图
1—音乐厅；2—音乐厅休息厅；3—歌剧院；
4—舞台；5—餐厅

图 5-35　悉尼歌剧院各层平面布置图

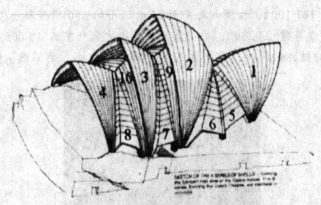

图 5-36　屋顶组合示意图

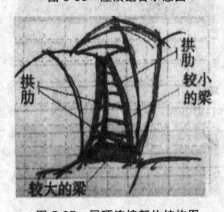

图 5-37　屋顶连接部位结构图

图 5-38　屋顶连接部位受力分析图

（2）特点。

从悉尼歌剧院的结构分析可以知道歌剧院总体上属于拱的大跨度结构体系，而非表面上所显示的壳结构体系，且这一拱结构体系有如下几个特点：

① 小的圆脊和大的拱肋；

② 现场预制加强型钢筋混凝土；

③ 共有 2 194 个预制钢筋混凝土切片作为它的屋顶；

④ 共使用了 350 km 长的钢绳索来固定这些混凝土切片；

⑤ 歌剧院重达 161 100 t，由深入海平面 25 m 以下的 580 根混凝土桥墩支撑；

⑥ 歌剧院屋顶自身重 27 230 t，每一个混凝土切片自身重达 15 005 t，混凝土自身的重量小于屋顶拱向外的推力；同时，屋顶由 32 根混凝土柱支撑，共同抵抗侧推力（图 5-39）。

图 5-39　歌剧院结构透视图

5. 总　结

悉尼歌剧院（Sydney Opera House，SOH）位于澳大利亚新南威尔士州首府悉尼港的便利朗角（Bennelong Point），是 20 世纪最具特色的建筑之一，也是世界著名的表演艺术中心、悉尼市的标志性建筑。该剧院设计者为丹麦设计师约恩·乌松，建设工作从 1959 开始，1973年大剧院正式落成。2007 年 6 月 28 日，这栋建筑被联合国教科文组织评为世界文化遗产。

第6章 道路工程

6.1 道路工程概述

道路工程，是从事道路的规划、勘测、设计、施工、养护等的一门应用科学和技术，是土木工程的一个分支。道路通常是指为陆地交通运输服务，通行各种机动车、人畜力车、驮骑牲畜及行人的各种路的统称。

6.1.1 道路运输的特点

交通运输是国民经济的动脉，而道路是国家经济和国防建设的基础设施。

道路运输是随着人类社会经济和文化活动的发展而逐步发展起来的，是人类社会经济活动的基本条件之一。道路运输在整个交通运输系统中也处于基础地位。社会经济水平和交通运输需求决定着道路交通的发展进程，而道路交通也会制约社会经济和交通运输的发展水平。对交通运输的需求逐年增加，交通运输系统的发展已然成为控制国民经济发展的重要因素。

1. 道路运输的优点

道路运输较之其他运输方式，有以下一些优点：

（1）机动灵活，适应性强。由于道路运输网一般比铁路、水路网的密度要大十几倍，分布面也广，因此道路运输车辆可以"无处不到、无时不有"。道路运输在时间方面的机动性也比较大，车辆可随时调度、装运，各环节之间的衔接时间较短。既可以单个车辆独立运输，也可以由若干车辆组成车队同时运输，这对抢险、救灾工作和军事运输具有特别重要的意义。

（2）可实现"门到门"。由于汽车体积较小，中途一般也不需要换装，除了可沿分布较广的路网运行外，还可离开路网深入到工厂企业、农村田间、城市居民住宅等地，即可以把旅客和货物从始发地门口直接运送到目的地门口，实现"门到门"直达运输。这是其他运输方式无法与道路运输比拟的特点之一。

（3）中、短途运送速度较快。在中、短途运输中，由于道路运输可以实现"门到门"直达运输，中途不需要倒运、转乘就可以直接将客货运达目的地，因此，与其他运输方式相比，其客、货在途时间较短，运送速度较快。

（4）原始投资少。道路运输与铁、水、航运输方式相比，所需固定设施简单，车辆购置费用一般也比较低，因此，投资兴办容易，投资回收期短。据有关资料表明，在正常经营情况下，道路运输的投资每年可周转 1~3 次，而铁路运输则需要 3~4 年才能周转一次。

（5）驾驶技术较易。与火车司机或飞机驾驶员的培训要求来说，汽车驾驶技术比较容易掌握，对驾驶员的各方面素质要求相对也比较低。

2. 道路运输的缺陷

同时，道路运输也存在一些缺陷：

（1）运量较小，成本较高。目前，世界上最大的汽车是美国通用汽车公司生产的矿用自卸车，长 20 多米，自重 610 t，载重 350 t 左右，但仍比火车、轮船小得多；由于汽车载重量小，行驶阻力比铁路大 9~14 倍，所消耗的燃料又是价格较高的液体汽油或柴油，因此，除了航空运输，就是汽车运输成本最高了。

（2）运行持续性较差。据有关统计资料表明，在各种现代运输方式中，道路的平均运距是最短的，运行持续性较差。如我国 1998 年公路平均运距客运为 55 km、货运为 57 km、铁路客运为 395 km、货运为 764 km。

（3）安全性较低，污染环境较大。据历史记载，汽车自诞生以来，已经吞吃掉 3 000 多万人的生命，特别是 20 世纪 90 年代开始，死于汽车交通事故的人数急剧增加，平均每年为 50 多万。这个数字超过了艾滋病、战争和结核病人每年的死亡人数。汽车所排出的尾气和引起的噪声也严重地威胁着人类的健康，是大城市环境污染的最大污染源之一。

6.1.2　道路运输的功能

道路具有交通运输、城乡骨架、公共空间、抵御灾难和发展经济的功能。

道路的功能首先表现在交通运输方面。道路是人们工作、生活、旅游出行的通道，它具有实现城乡旅客、货物交通中转、集散的功能。社会中的一切活动要求必须有一个安全、通畅、方便、快捷和舒适的道路交通运输体系。

道路是城乡结构的骨架。城市道路是城市建设的基础。城市建筑是按照道路网的布局进行布置的。因此，城市道路应为城市结构的骨架。同样，地方道路是乡镇布局的骨架，乡镇依据主干道路网与各个城市连接，使主干道路网成为整个国土结构的骨架。

道路本身又是公共空间，不仅是公共交通体系的空间，也是保证日照、通风、提供绿化、排水管线布置的空间。

道路也是抵御灾害的通道。在发生火灾、水灾、地震等自然灾害和战争时，道路能迅速疏散、避险和集结军队。

道路是社会发展的基础产业，是经济发展的先行设施。"要想富，先修路"已成为全社会的共识。道路建设在整个社会的经济发展中都起着举足轻重的作用。

6.1.3 我国道路发展的现状和前景

1. 我国公路现状

目前，我国公路网络已经基本形成，但还存在着总量不足和结构矛盾等突出问题。"五纵七横"国道主干线总规模约 3.5 万千米，贯通首都、各省省会、直辖市、经济特区、主要交通枢纽和重要对外开放口岸，约覆盖全国城市总人口的 70%，连接了全国所有人口在 100 万人以上的特大城市和 93%的人口在 50 万人以上的大城市。根据《国家公路网规划》，到 2030年，还有 2.6 万千米国家高速公路待建，还有 10 万千米普通国省干线公路需要改造升级。高速公路网有约 4 000 km "断头路"，普通国道还有 2 800 多千米 "瓶颈路"，路网中二级及以上公路占比只有 12%。我国公路发展正处在加速成网的关键阶段，公路建设只能加强，不能削弱。要坚持适度超前的原则，统筹规划、分步实施、优化结构、注重质量，发挥好公路建设对经济发展的支撑保障和投资拉动作用，为稳增长、促改革、调结构、惠民生、防风险做出积极贡献。当前经济下行压力较大，适度增加公路建设投资，有利于稳增长、促就业，消化钢铁、水泥等产能，同时也有利于加快完善路网结构。

2. 发展前景

国家 "十二五" 规划明确提出了交通运输要适度超前发展。目前，从总体上说，交通运输的紧张状况虽然总体上缓解了，瓶颈制约的因素基本消除，但是与当前扩大内需、发展实体经济以及改善民生的需求相比，交通运输基础设施的总量规模仍然还是不足的，与经济社会发展的要求和人民群众更高品质的需求相比，还存在较大的差距。因此，从总体上判断，目前高速公路的建设，是按照适度超前的原则，在有序、健康地推进和发展。农村经济相对落后，基本上都在原有老路上改建，既受地形环境限制，规划技术性差，又受贫穷的经济条件制约。按全乡交通建设规划，建设资金短缺、投入分散，公路建设需要一大笔资金，是直接制约乡村公路发展的瓶颈。由于乡村公路建设资金短缺，公路路政管理遵循统一领导、公路建设点多面广、综合治理的原则。

计划到 2030 年，国家高速公路网总规模约 11.8 万千米，另规划了 1.8 万千米的远期展望线。这其中，全国有 7 条首都放射线、11 条北南纵线、18 条东西横线以及部分地区环线、并行线、联络线等。这比起 2004 年《国家高速公路网》规划的国家高速公路网的 8.5 万千米的目标大幅上调，国家高速公路将新建 2.5 万～3.3 万千米。

6.2 道路的组成

道路是布置在地面供各种车辆行驶的一种线形带状结构物，它由道路线形、结构物和沿线设施三大部分组成。

6.2.1　道路线形

道路线形指的是道路在空间的几何形状和尺寸，简称路线。常用路线用平面线形、纵断面线形和道路横断面来表示。

道路线形在水平面上的投影称为路线的平面，沿中线竖直剖切后再展开称之为路线的纵断面，中线上任一点的法向切面称为路线的横断面，见图 6-1。

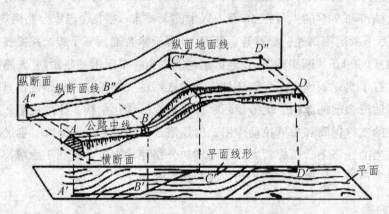

图 6-1　公路的平面、纵断面和横断面

6.2.2　道路结构组成

道路的结构组成主要有路基、路面、桥梁、涵洞、隧道、公路渡口、防护及支撑工程、公路用土地及公路附属设施。

1. 路　基

路基是道路行车部分的基础，是由土、石按照一定的结构要求所构成的带状土工构造物。路基横断面有路堤（图 6-2）、路堑（图 6-3）、半填半挖路基（图 6-4）三种基本形式。

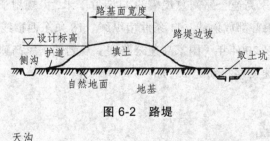

图 6-2　路堤

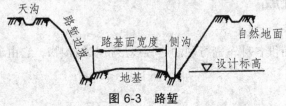

图 6-3　路堑

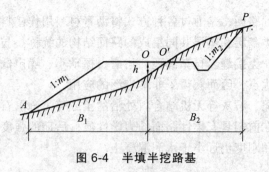

图 6-4　半填半挖路基

　　路堤是在天然地面上用土或石填筑的具有一定密实度的线路建筑物。低于原地面的挖方路基称为路堑，指从原地面向下开挖而成的路基形式。半填半挖路基，是介于两者之间的路基。

　　路基承受着本身的岩土自重和路面重力，以及由路面传递而来的行车荷载，是整个公路构造的重要组成部分。路基质量的好坏，必然反映到路面上来。

2. 路　面

　　路面是铺筑在公路路基上与车轮直接接触的结构层，承受和传递车轮荷载，承受磨耗，经受自然气候的侵蚀和影响。对路面的基本要求是具有足够的强度、稳定性、平整度、抗滑性能等。路面结构一般由面层、基层、底基层与垫层组成（图 6-5）。

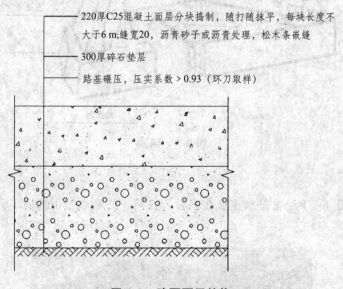

220 厚 C25 混凝土面层分块捣制，随打随抹平，每块长度不大于 6 m;缝宽 20，沥青砂子或沥青处理，松木条嵌缝

300 厚碎石垫层

路基碾压，压实系数 > 0.93（环刀取样）

图 6-5　路面面层结构

　　路面类型常按照面层采用的材料进行分类，如沥青路面、水泥混凝土路面以及半刚性路面等。

　　水泥混凝土路面，又称刚性路面，是以水泥混凝土（配筋或不配筋）作面层的路面。水泥混凝土路面与其他路面相比，具有强度高、面层色泽鲜明、能见度好、对夜间行车有利、养护费用少、经济效益高等优点。但水泥混凝土路面有开放交通较迟、对水泥和水的需要量大、有接缝且修复困难等缺点。

沥青路面，又称柔性路面，是通过各种方式将沥青材料用作矿料的结合料，经铺筑后形成路面面层并与其他各类基层和垫层共同组成的路面结构的统称。与水泥混凝土路面相比，沥青路面具有表面平整、无接缝、行车舒适、耐磨、振动小、噪声低、施工期短、养护维修简便、适宜分期修建等优点，因而获得了非常广泛的应用。

半刚性路面是用水泥、石灰等无机结合料处治的土或碎（砾）石及含有水硬性结合料的工业废渣修筑的基层，在前期具有柔性路面的力学性质，后期的强度和刚度均有较大幅度的增长，但是最终的强度和刚度仍远小于水泥混凝土。

3. 桥　涵

桥涵是桥和涵洞（图 6-6）的统称，是指公路跨越水域、沟谷和其他障碍物时修建的构造物。当构筑物的单孔跨径 $L_0 \geqslant 5\text{m}$，或多孔跨径 $L \geqslant 8\text{m}$ 时为桥梁，否则为桥涵。

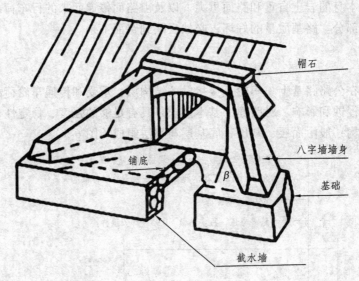

图 6-6　涵洞

4. 隧　道

公路隧道（图 6-7）通常是指建造在山岭、江河、海峡和城市地面下，供车辆通过的工程构造物。

图 6-7　隧道

110

6.2.3 道路沿线设施

公路除线形组成和结构组成外，为了保证行车安全舒适，增进路容美观，还需设置以下各种沿线设施。

1. 交通安全设施

交通安全设施是指为保证行车和行人安全，充分发挥公路的作用而设置的设施，如跨线桥、地道、信号灯、护栏、防护网、照明设施、反光标志等。

2. 交通管理设施

交通管理设施是指为保证良好的交通秩序，防止事故发生而设置的各种设施，如各种公路标志、紧急电话、可变（或不可变）情报板、监控装置等。

3. 交通服务设施

交通服务设施是指为汽车和乘客提供各种服务的设施，如加油站、维修站、停车场、食宿点等。

4. 其他沿线设施

其他沿线设施如绿化、小品建筑及装饰等。

6.3 道路的分类

道路分为城市道路、公路、厂矿道路、林区道路及乡村道路等。

6.3.1 公 路

公路是指连接城市、乡村和工矿基地，主要供汽车行驶，具有一定技术指标和工程设施的道路。公路按其功能和性质又可分为国家干线公路（简称国道）、省级干线公路（简称省道）、县级公路（简称县道）以及专用公路等。

根据我国现行的《公路工程技术标准》（JTG B01—2014），公路按使用任务、功能和适应的交通量分为高速公路、一级公路、二级公路、三级公路、四级公路五个等级：

（1）高速公路（图 6-8）为专供汽车分向分车道行驶并应全部控制出入的多车道公路，一般能适应年平均昼夜汽车交通量 25 000 辆以上，具有特别重要的政治、经济意义；

（2）一级公路（图 6-9）为供汽车分向分车道行驶并可根据需要控制出入的多车道公路一般能适应年平均昼夜汽车交通量 5 000～25 000 辆，连接重要政治、经济中心，通往重点工矿区。

（3）二级公路为供汽车行驶的双车道公路，一般能适应按各种车辆折合成载货汽车年平均昼夜交通量2 000~5 000辆，连接政治、经济中心或大工矿区等地的干线公路。

（4）三级公路为主要供汽车行驶的双车道公路，一般能适应按各种车辆折合成载货汽车年平均昼夜交通量为2 000辆以下，沟通县及县以上城市的一般干线公路。

（5）四级公路为主要供汽车行驶的双车道或单车道公路，一般能适应按各种车辆折合成载货汽车年平均昼夜交通量为200辆以下，为沟通县、乡、村等的支线公路。

图6-8　高速公路

图6-9　一级公路

6.3.2　城市道路

城市道路是指在城市范围内，供车辆及行人通行且具有一定技术条件和工程设施的道路。城市道路除了为城市的各种交通服务外，还是城市规划布局的骨架，同时还有为城市通风、采光、防火及绿化提供场地的作用。

根据道路在城市道路系统中的地位、作用、交通功能以及对沿线建筑物的服务功能，我国目前将城市道路分为四类：快速路、主干路、次干路及支路。

重庆市城市道路规划见图6-10。

6.3.3　林区道路

林区道路是指修建在林区，主要供各种林区运输工具通行的道路。由于林区地形及水材运输的特殊性，其技术要求应按相应的林区道路工程技术标准执行。

6.3.4　厂矿道路

厂矿道路是指主要为工厂、矿山运输车辆通行的道路，通常分为厂内道路、厂外道路及露天矿山道路。

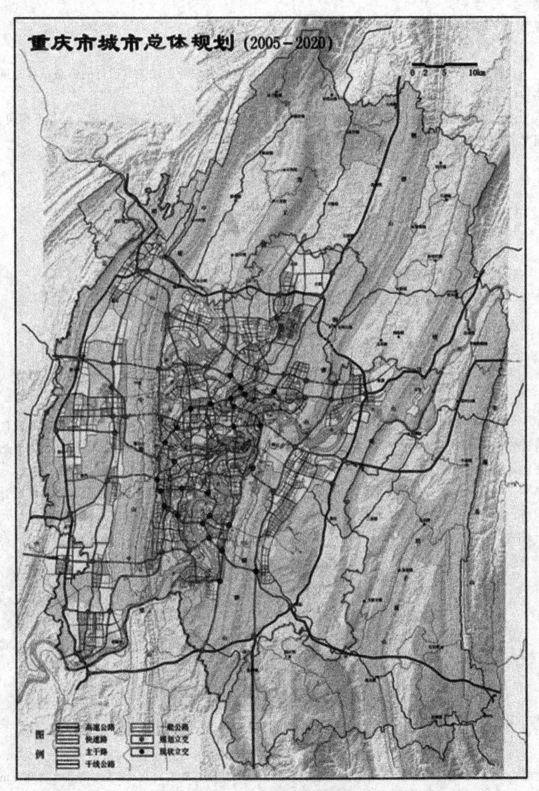

图 6-10　重庆市城市道路规划

6.3.5 乡村道路

乡村道路是指修建在乡村、农场，主要供行人及各种农业运输工具通行的道路。乡村道路一般不列入国家公路等级标准。

由于各类道路所处位置、功能和性质均不相同，因此在设计时所遵循的标准也各不相同。通常的道路主要分为两大类：公路和城市道路。

思 考 题

1. 公路线形设计包括哪些内容？
2. 什么是路基路面？
3. 道路的分类有哪些？
4. 组成道路的结构物有哪些？

课后阅读

川藏公路——美丽与危险并存

川藏公路（图 6-11）是我国西部的一条公路干线，东起四川省省会成都市，西止西藏自治区首府拉萨市，由 318 国道、317 国道、214 国道、109 国道的部分路段组成。川藏公路是中国最险峻的公路，分为南北线，在南北线中间有一些连接的线路一般也归为川藏公路的一部分。川藏、青藏公路通车前，从拉萨到四川成都或青海西宁往返一次，靠人畜驮，冒风雪严寒，艰苦跋涉需半年到 1 年时间。而川藏公路只需数天，改建后的路况单程只需三天，大大缩短了西藏与其他地区的交通时间。

图 6-11　川藏公路

川藏公路的北线全长 2 412 km，沿途最高点是海拔 5 050 m 的雀儿山；南线总长 2 146 km，途经海拔 4 014 m 的理塘。沿川藏公路进藏，途中从东到西需要依次翻过 14 座海拔在 4 000 m 以上的险峻高山，跨越大渡河、金沙江、怒江、澜沧江等汹涌湍急的江河（图 6-12），路途艰辛且多危险，但一路景色壮丽，有雪山、原始森林、草原、冰川、峡谷和大江大河。

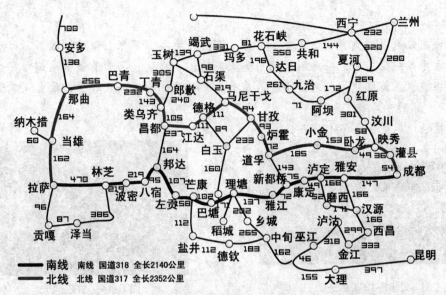

图 6-12　川藏公路线路图

1950 年年初，中国人民解放军奉命进军西藏，完成祖国大陆统一的历史使命时，毛泽东主席指示进藏部队："一面进军，一面修路。"11 万人民解放军、工程技术人员和各族民工以高度的革命热情和顽强的战斗意志，用铁锤、钢钎、铁锹和镐头劈开悬崖峭壁，降服险川大河。

北线于 1954 年 12 月正式通车，此后，筑路大军又修筑了东俄洛经巴塘、芒康、左贡至邦达的南线段，并于 1969 年全部建成通车，被正式列入 318 国道线的一部分。川藏公路作为进出西藏的五条重要通道之一（另四条为青藏公路、青藏铁路、新藏公路、滇藏公路，其中滇藏公路的 214 国道线在西藏芒康与川藏公路汇合），担负着联系祖国东西部交通的枢通作用，无论在军事、政治、经济还是文化上都有不可替代的作用和地位。它不但是藏汉同胞通往幸福的"金桥"和"生命线"，而且是联系藏汉人民的纽带，更是中华民族勤劳智慧的结晶，具有极其重要的经济意义和军事价值。

川藏南线于 1958 年正式通车。南线从雅安起与国道 108 分道，向西翻越二郎山，沿途越过大渡河、雅砻江、金沙江、澜沧江、怒江上游，经雅江、理塘、巴塘过竹巴笼金沙江大桥入藏，再经芒康、左贡、邦达、八宿、然乌、波密、林芝、墨竹工卡、达孜抵拉萨。南线相对北线而言所经过的地方，多为人口相对密集的地区。沿线都为高山峡谷，风景更为秀丽，尤其是被称为西藏江南的林芝地区（图 6-13）。但南线的通麦一带山体较为疏松，极易发生泥石流和塌方。川藏南线成都至拉萨全长 2 142 km，途经最高点为海拔 5 014 m 的米拉山，另外经过有"世界高城"之称、海拔超过 4 000 m 的理塘县城。

每年的 5 月份至 8 月份是西部的雨季，川藏线因泥石流和塌方频繁，进藏的车辆需要提高警惕，避免发生自然灾害导致人身伤害和财产损失。

但是，由于川藏线沿途充满了壮丽的风景，许多游客宁愿冒着这样的风险，鼓起勇气和决心向着美丽的风景进藏旅游。对川藏线风景的概括有很形象的一句话："南线看风景，北线看人文。"

　　川藏线南线可以看到高山、森林、悬崖、河流、峡谷、草原、海子、藏居。而川藏线北线几乎天天风景一样：中间一条河，两边光秃秃的山。当然，因为北线很多地方交通不便，所以藏民族被汉民族同化的相对还少，人文气息非常浓。北线的人较少，商业化氛围也会少很多。

　　川藏线沿线风景见图 6-13～6-16。

图 6-13　林芝

图 6-14　甘孜风光

图 6-15　怒江山

图 6-16　折多山

第7章　桥梁工程

7.1　桥梁工程概述

　　桥梁，一般指架设在江河湖海上，使车辆行人等能顺利通行的建筑物。为适应现代高速发展的交通行业，桥梁亦引申为跨越山涧、不良地质或满足其他交通需要而架设的使通行更加便捷的建筑物。桥梁一般由上部结构、下部结构、支座和附属构造物组成。上部结构又称桥跨结构，是跨越障碍的主要结构；下部结构包括桥台、桥墩和基础；支座为桥跨结构与桥墩或桥台的支承处所设置的传力装置；附属构造物则指桥头搭板、锥形护坡、护岸、导流工程等。

7.1.1　我国桥梁的特点

1. 地域性

　　我国土地辽阔，南北之间和东西之间的桥梁，受所在自然地理和人文社会的影响，因地制宜，都形成了各自相对独立的风格和特色。如北方中原地区，黄河流域，地势较为平坦，河流水域较少，人们运输物资多赖骡马大车或手推板车。因此，这里的桥梁多为窄坦雄伟的石拱桥和石梁桥，以便于船只从桥下通过。西北和西南地区，山高水激、谷深崖陡，难以砌筑桥墩，因此，多采用藤条、竹索、圆木等山区材料，建造绳索吊桥或伸臂式木梁桥。岭南闽粤沿海地区，盛产质地坚硬的花岗岩石，所以石桥比比皆是。而云南少数民族地区，因竹材丰富，便到处可见别具一格的各式竹材桥梁。从桥梁的风格上看，北方的桥如同北方的人，显得粗犷朴实；南方的桥也同南方的人，显得灵巧轻盈。当然，这跟自然地理也有极大关系，如北方的河流因水流量起伏变化很大，又有山洪冰块冲击，故桥梁必须厚实稳重；而南方河流水势则较平缓，又要便于通航，故桥梁相对较纤细秀丽。

2. 多种多样性

　　我国是个文明古国，地大物博，山河奇秀，南北地质地貌差异较大，因此对建桥的技术要求也高。大约在汉代时，桥梁的四种基本桥型——梁桥、浮桥、索桥、拱桥便已全部产生了。这四种桥根据其建筑材料和构造形式的不同，又分别演化出：木桥、石桥、砖桥、竹桥、盐桥、冰桥、藤桥、铁桥、苇桥、石柱桥、石墩桥、漫水桥、伸臂式桥、廊桥、风雨桥、竹板桥、石板桥、开合式桥、溜索桥、三边形拱桥、尖拱桥、圆拱桥、连拱桥、实腹拱桥、坦拱桥、徒拱桥、虹桥、管道桥、曲桥、纤道桥、十字桥，以及栈道、飞阁等等，几乎应有尽有，什么形式的古桥，在我国都能找到。

3. 多功能性

我国古代的匠师建桥，很注意发挥桥梁的最大效益，既能考虑到因地制宜、一切从实用出发，又能考虑使桥梁尽量起到多功能的作用。如江南的拱桥多为两头平坦，中间高拱隆起，使之既产生造型上的弧线美，又利于行舟。而南方地区广见的廊式桥，则更充分反映了一桥多用的特点。南方雨多日照强，桥匠便在桥上修建廊屋，这不仅为过往行人提供了躲避风雨日照、便于歇息的场所，而且还增加了桥梁的自重，以免洪水把桥冲掉，并起到保护木梁、铁索不受风雨腐蚀的作用。特别是很多此类廊桥，因是人员过往要冲，故还利用它兼作集市、住宿和进行商业活动。如广东潮安县的湘子桥，这座桥全长 500 余米，有"一里长桥一里市"之称，桥中设一段可以开合的浮桥，以利通航；桥上建廊屋、楼后做集市，其间店面栉比，自晨至暮，熙熙攘攘，热闹非凡，以至不闻不见咆哮的潮水和宽阔的江面，故民间流传有"到了湘桥问湘桥"的笑话。

4. 群众公益性

桥梁自产生始，便以属于民众共有的社会性出现。我国的传统建筑，一般为私有性，唯有桥梁（除私有园林中的桥梁外），不管是官修或私建的，都为社会所公有。故数千年来，爱桥护路成为一种良好风尚，而"修桥铺路"则是造福大众的慈善行为，被民众所推崇。因此，修桥或建桥具有广泛的群众性。查看史志，我国历来修桥建桥的方式，大概有四种：一是民建，即由一家一姓独立建桥；二是募捐集资，报经官府支持，协力兴建，此种最为多见，如著名的赵州桥、泉州洛阳桥等，都是用此方式建成的；三是官倡民修，由地方官倡导，士绅附和认捐，并指派官吏或商绅主持完成，此多属较大的桥梁；四是全由官府拨款施工兴建的。所以，我国古桥遍布各地，连穷乡僻壤也多建桥。其数量之多，分布之广，居世界首位。

7.1.2 桥梁工程

桥梁工程指桥梁勘测、设计、施工、养护和检定等的工作过程，以及研究这一过程的科学和工程技术，它是土木工程中属于结构工程的一个分支。桥梁工程学的发展主要取决于交通运输对它的需要。

桥梁工程的内容包括：

（1）桥梁设计。选择桥址，决定桥梁孔径，考虑通航和线路要求以确定桥面高程，考虑基底不受冲刷或者冻胀以确定基础埋置深度，设计导流建筑物，等。

（2）桥梁方案设计。根据设计任务书编制各种可能采用的桥式方案，进行技术经济比较，提出推荐方案，供建设单位进行决策。

（3）桥梁结构设计。为选定的桥式进行结构分析，决定桥梁上部结构和下部结构的尺寸，绘制设计图。

（4）桥梁施工。按现场和施工单位的具体条件，选择施工方法，进行施工组织设计，按设计建造桥梁。

（5）桥梁鉴定。确定既有桥梁所能安全承受的活荷载和抗洪能力。

（6）桥梁试验。测定实桥或模型在荷载作用下的应变、位移及震动等行为，与计算或预期效果进行对比，为桥梁设计及其科学技术的发展积累数据。

（7）桥梁养护。延长桥梁寿命，保证使用安全。

7.2 桥梁的组成与分类

7.2.1 桥梁的组成

1. 桥梁的基本组成

图 7-1 所示为一座公路桥梁的概貌，从图中可见，桥梁一般由以下几部分组成。

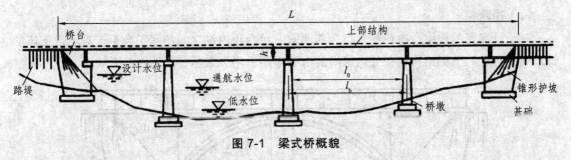

图 7-1 梁式桥概貌

（1）上部结构。

上部结构包括桥跨结构和支座系统两部分。前者指桥梁中直接承受桥上交通荷载并且架空的结构部分；后者是支承上部结构并把荷载传递于桥梁墩台上的部分，它应满足上部结构在荷载、温度变化或其他因素作用下预计产生的位移要求。

（2）下部结构。

下部结构包括桥墩、桥台和墩台的基础，是支承上部结构、向下传递荷载的结构物。桥梁墩台的布置是与桥跨结构相对应的。桥台设在桥跨结构的两端，桥墩则设在两桥台之间。桥台除起到支承和传力作用外，还起到与路堤衔接、防止路堤滑塌的作用。因此，通常需在桥台周围设置锥体护坡。墩台基础是承受了由上至下的全部作用（包括交通荷载和结构自重）并将其传递给地基的结构物。它通常埋入土层中或建筑在基岩之上，时常需要在水中施工，因而遇到的问题比较复杂。

（3）与桥梁服务功能相关的部分（或称为桥面构造）。

随着现代化工业发展水平的提高，人类的文明水平随之提高，人们对桥梁行车的舒适性和结构物的观赏水平要求也愈来愈高，因而在桥梁设计中非常重视桥面构造。桥面构造主要包括以下部分：

① 桥面铺装（或称行车道铺装）。铺装的平整性、耐磨性、不翘曲、不渗水是保证行车舒适的关键。特别是在钢箱梁上铺设沥青路面的技术要求很严。

② 排水防水系统。应迅速排除桥面上积水，并使渗水的可能性降至最小限度。城市桥梁排水系统还应保证桥下无滴水和结构上无漏水现象。

③ 栏杆（或防撞栏杆）。它既是保证安全的构造措施，又是利于观赏、表现桥梁特色的一个建筑物。

④ 伸缩缝。伸缩缝是在桥跨上部结构之间，或在桥跨上部结构与桥台端墙之间所设的缝隙，其目的是保证结构在各种因素作用下的变位。为使桥面上行车顺畅，不颠簸，在缝隙处要设置伸缩装置。特别是大桥或城市桥梁的伸缩装置，不但要结构牢固、外观光洁，而且需要经常扫除掉入伸缩装置中的垃圾尘土，以保证其使用功能。

⑤ 灯光照明。现代城市中，大型桥梁通常是一个城市的标志性建筑，大多装置了灯光照明系统，成为构成城市夜景的组成部分。

2. 桥梁术语

（1）净跨径。

对于设支座的桥梁，净跨径是指相邻两墩、台身顶内缘之间的水平净距，对不设支座的桥梁则是指上、下部结构相交处内缘间的水平净距，用 l_0 表示，如图 7-2 所示。

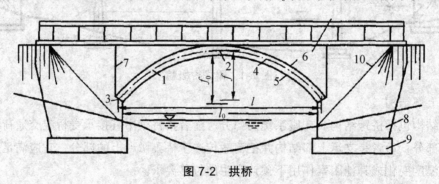

图 7-2 拱桥

1—拱圈；2—拱顶；3—拱脚；4—拱轴线；5—拱腹；6—拱背；7—变形缝；
8—桥墩；9—基础；10—护坡；11—拱上结构

（2）总跨径。

总跨径是指多孔桥梁中各孔净跨径的总和，它反映了桥下宣泄洪水的能力。

（3）计算跨径。

对于设支座的桥梁，计算跨径是指相邻支座中心的水平距离；对于不设支座的桥梁（如拱桥、刚构桥等），则是指上、下部结构相交面中心间的水平距离，用 l 表示。桥梁结构的力学计算是以 l 为标准的。

（4）桥梁全长。

桥梁全长简称桥长，对于有桥台的桥梁为两岸侧墙或八字墙尾端间的距离，对于无桥台的桥梁为桥面系长度，用 L 表示 。

（5）桥下净空。

桥下净空是指为了满足通航（或行车、行人）的需要和保证桥梁安全而对上部结构底缘以下规定的空间界限。

（6）桥梁建筑高度。

桥梁建筑高度是指上部结构底缘至桥面顶面的垂直距离（图 7-2 中的 h）。线路定线中所确定的桥面高程与通航（或桥下通车、人）净空界限顶部高程之差，称为容许建筑高度。桥梁建筑高度不得大于容许建筑高度。

根据容许建筑高度的大小和实际需要，桥面可布置在桥跨结构的上面或下面。布置在桥跨结构上面的，称为上承式桥梁；桥面布置在桥跨结构下面的称为下承式桥梁；布置在中间的称为中承式桥梁。

（7）桥面净空。

桥面净空是指桥梁行车道、人行道上方应保持的空间界限。公路、铁路和城市桥梁对桥面净空都有相应的规定。

（8）水位。

河流中的水位是变动的，枯水季节时的最低水位称为低水位，洪峰季节时河流中的最高水位称为高水位。桥梁设计中按规定的设计洪水频率计算所得到的高水位（很多情况下是推算水位），称为设计水位。在各级航道中，能够保持船舶正常航行时的水位，称为通航水位。

设计洪水位或设计通航水位与桥跨结构最下缘的高差 H，称为桥下净空高度。桥下净空高度应能保证安全排洪，并不得小于对该河流通航所规定的净空高度。

在桥梁建筑工程中，除了上述基本结构外，常常有路堤、护岸、导流结构物等附属工程，其建设费用有时占整个桥梁建筑费用的相当部分。

7.2.2 桥梁的分类

1. 按结构体系分类

工程结构中的构件，总离不开拉、压和弯曲三种基本受力方式。按桥梁结构的体系分类，桥梁有梁式桥、拱式桥、刚架桥、悬索桥等基本体系，以及由基本体系组合而成的组合体系桥。

（1）梁式桥。

梁式桥是一种在竖向荷载作用下无水平反力的结构，如图 7-3（a）、（b）所示。由于外力的作用方向与梁式桥承重结构轴线接近垂直，与同样跨径的其他结构体系相比，梁桥内产生的弯矩最大，通常需要用抗弯、抗拉能力强的材料（如钢、配筋混凝土、钢筋混凝土组合结构等）来建造。梁桥分简支梁、悬臂梁、固端梁和连续梁等。悬臂梁、固端梁和连续梁都是利用支座上的卸载弯矩去减小跨中弯矩，使桥梁跨内的内力分配更加合理，以同等抗弯能力的构件断面就可以建成更大跨径的桥梁。

对于中、小跨径桥梁，目前在公路上应用最广的是钢筋混凝土简支梁桥、预应力混凝土简支梁桥，施工方法有预制装配和现浇两种。钢筋混凝土简支梁桥，常用跨径在 25 m 以下。当跨径较大时，需采用预应力混凝土简支梁桥，现在预应力简支梁的最大跨径已达 76 m。为了改善受力条件和使用性能，地质条件较好时，中、小跨径梁桥也可修建成连续梁桥，如图 7-3（c）、（d）所示。连续梁的最大跨径可达 200 m。

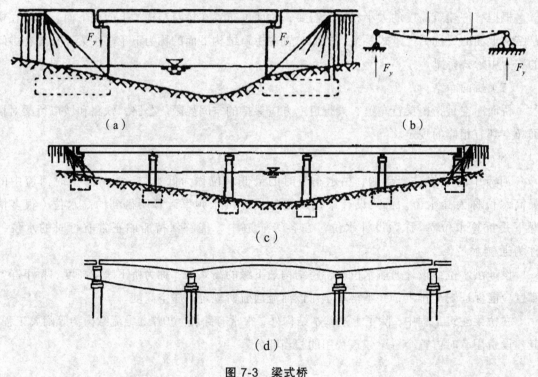

（a） （b）

（c）

（d）

图 7-3　梁式桥

（2）拱式桥。

拱式桥在竖向荷载作用下，桥墩和桥台将承受水平推力，如图 7-4（a）所示。拱式桥的主要承重结构是拱圈（或拱肋）。水平反力的作用，大大抵消了拱圈（或拱肋）内由荷载所引起的弯矩。因此，与同跨径的梁相比，拱的弯矩、剪力和变形都要小得多。鉴于拱桥的承重结构以受压为主，通常可用抗压能力强的污工材料（如砖、石、混凝土）和钢筋混凝土等来建造。

拱可以分为单铰拱、双铰拱、三铰拱和无铰拱。由于拱是有推力的结构，对地基要求较高，一般常建于地基良好的地区。拱桥不仅跨越能力很大，而且外形似彩虹卧波，十分美观，在条件许可情况下，修建拱桥往往是经济合理的。现在拱桥最大跨径已达 530 m。

按照行车道处于主拱圈的不同位置，拱桥分为上承式拱、中承式拱和下承式拱三种（图7-4）。

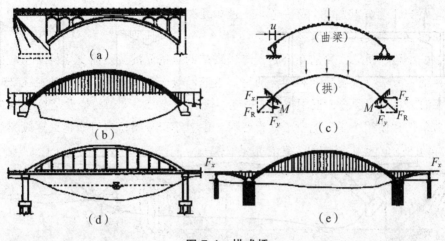

图 7-4　拱式桥

（3）刚架桥。

刚架桥是介于梁与拱之间的一种结构体系，它是由受弯的上部梁（或板）结构与承压的下部柱（或墩）整体结合在一起的结构。梁与柱是刚性连接，梁因柱的抗弯刚度而得到卸载作用，整个体系是压弯结构，也有推力的结构。刚架分直腿刚架与斜腿刚架。如图 7-5（a）所示的门式刚架桥，在竖向荷载作用下，柱脚处具有水平反力，梁主要受弯，但弯矩值较同跨径的简支梁小，梁内还有轴向力 H，如图 7-5（b）所示。刚架桥的桥下净空比拱桥大，在同样净空要求下可修建较小的跨径。刚架桥施工比较复杂，一般用于跨径不大的城市桥或公路高架桥和立交桥。当跨越陡峭河岸和深谷时，修建斜腿式刚架桥往往既经济合理又可使造型轻巧美观[图 7-5（c）]。斜腿刚架桥的跨越能力比门式刚架桥要大得多，但斜腿的施工难度也较大。近年来，刚架桥采用预应力混凝土结构和悬臂施工法，在城市跨河桥上也是一个竞争方案，最大跨径超过 300 m。

（4）组合体系。

① T 形刚构、连续刚构。

T 形刚构和连续刚构都是由梁和刚架相结合的体系，是预应力混凝土结构采用悬臂施工法发展起来的一种新体系。结构的上部梁在墩上向两边采用平衡悬臂施工，形成一个 T字形的悬臂结构。相邻的两个 T 形悬臂在跨中可用剪力铰或跨径较小的挂梁连成一体，称为带铰或带挂梁的 T 形刚构。如结构在跨中采用预应力筋和现浇混凝土区段连成整体，即成为连续刚构。它们又可派生出不同的组合形式，如采用双薄壁墩或边墩上采用连续梁组合等。

不管体系如何组合，刚构桥上部的梁主要是承弯构件。采用悬臂施工法，施工机具简单，施工快速，结构在悬臂施工时的受力状态与使用时的受力状态基本一致，所以省料、省工、省时，这就使结构的应用范围得到了迅猛发展。据统计，在预应力混凝土桥梁中，这类结构体系（包括连续梁）占50%以上。图7-5（d）所示为T形刚构桥，图7-5（e）所示为连续刚构桥，图7-5（f）所示为刚构-连续组合体系桥型。

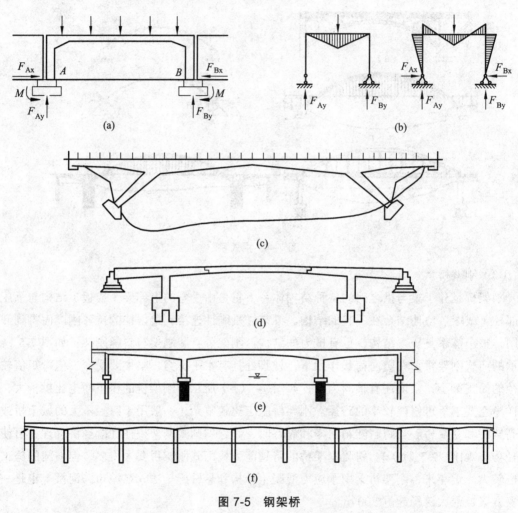

图 7-5　钢架桥

② 梁、拱组合体系。

这类体系中有系杆拱、桁架拱、多跨拱梁结构等。它们利用梁的受弯与拱的承压特点组成联合结构。在预应力混凝土结构中，因梁体内可储备巨大的压力来承受拱的水平推力，使这类结构既具有拱的特点，又非推力结构，对地基要求不高。这种结构施工比较复杂，一般用于城市跨河桥上，最大跨径也已突破150 m。

③ 斜拉桥。

斜拉桥是由承压的塔、受拉的斜索与承弯的梁体组合起来的一种结构体系（图7-6）。它的受力特点是：受拉的斜索将主梁多点吊起，并将主梁的恒载和车辆等其他荷载传至塔柱，再通过塔柱基础传至地基。塔柱以受压为主，主梁如同多点弹性支承的连续梁，使主梁内的弯矩大大减小，结构自重显著减轻，大幅度提高了斜拉桥的跨越能力。由于同时受到斜拉索水平分力的作用，主梁截面的基本受力特征是偏心受压构件。此外，由于塔柱、拉索和主梁构成稳定的三角形，斜拉桥的结构刚度较大，已建成的苏通长江大桥最大跨径已达 1 088 m。

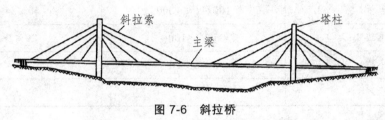

图 7-6　斜拉桥

（5）悬索桥。

悬索桥（也称吊桥）的承载系统包括缆索、塔柱和锚碇三部分。缆索是主要的承重结构。桥面系在竖向荷载作用下，通过吊杆使缆索承受很大的拉力，缆索锚于悬索桥两端的锚碇结构中。为了承受巨大的缆索拉力，锚碇结构需要做得很大（重力式锚碇），或者依靠天然完整的岩体来承受水平拉力（隧道式锚碇）。由于缆索传至锚碇的拉力可分解为垂直和水平两个分力，因而悬索桥也是具有水平反力（拉力）的结构。现代悬索桥广泛采用高强度的多股钢丝编织形成钢缆，以充分发挥其优良的抗拉性能。悬索桥以其受力性能好、跨越能力大、轻型美观、抗震能力好而成为跨越大江大河、海峡港湾的首选桥型，已建成的悬索桥最大跨径已达 1 991 m，为日本的明石海峡大桥。图 7-7（a）所示为单跨式悬索桥，图 7-7（b）所示则为三跨式悬索桥。

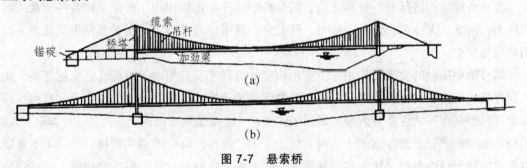

图 7-7　悬索桥

悬索桥的刚度较小，属柔性结构，在车辆荷载作用下，悬索桥将产生较大的变形；另外，悬索桥的风致振动及稳定性在设计和施工中也需予以特别的重视。

2. 其他分类简介

除了上述按受力特点分成不同的结构体系外，还可以按桥梁的用途、大小规模和建桥材料等将桥梁进行分类。

（1）桥梁按用途来划分，有公路桥、铁路桥、公铁两用桥、农桥（或机耕道桥）、人行桥、水运桥（或渡槽）及其他专用桥梁（如通过管线、电缆等）。

（2）桥梁按全长和跨径的不同，分为特大桥、大桥、中桥、小桥和涵洞，见表7-1。

表 7-1　桥梁涵洞分类

桥梁分类	多孔桥全长 L/m	单孔跨径 l/m
特大桥	$L>1000$	$L>150$ m
大桥	$100 \leqslant L \leqslant 1000$	$40 \leqslant l \leqslant 150$
中桥	$30<L<100$	$20 \leqslant l \leqslant 40$
小桥	$8 \leqslant L \leqslant 20$	$5<l<20$
涵洞		$l<5$

（3）桥梁按照主要承重结构所用的材料划分，有钢筋混凝土桥、预应力混凝土桥、钢桥、钢筋混凝土组合桥和木桥等。木材易腐，且资源有限，一般不用于永久性桥梁。

（4）桥梁按跨越障碍的性质，可分为跨河桥、立交桥、高架桥和栈桥。高架桥一般指跨越深沟峡谷以替代高路堤的桥梁，以及在城市桥梁中跨越道路的桥梁。

（5）桥梁按桥跨结构的平面布置，可分为正交桥、斜交桥和曲线桥。

（6）桥梁按上部结构的行车道位置，分为上承式桥、中承式桥和下承式桥。

7.3　桥梁的设计荷载

在对桥梁结构进行分析计算之前，需要确定实际和可能作用于桥梁上的各种荷载。荷载的种类、形式、大小的确定是否恰当，既关系到桥梁建设的投资，也关系到桥梁建成后的使用寿命与安全。

随着桥梁工程的发展，作用于桥梁结构上的荷载（及其组合）可能会越来越复杂，随着人们对结构行为和材料行为的认识的不断加深，荷载标准也随之适当修订。引起结构反应的原因可以按其作用的性质分为截然不同的两类：一类是施加于结构上的外力，如车辆、人群、结构自重等，它们是直接施加于结构上的，可用"荷载"这一术语来概括；另一类不是以外力形式施加于结构上的，如地震、基础变位、混凝土收缩和徐变、温度变化等，它们产生的效应与结构本身的特性、结构所处环境等有关，是间接作用于结构上的，如果也称"荷载"，容易引起人们误解。因此，目前国际上普遍地将所有引起结构反应的原因统称为"作用"，而"荷载"仅限于表达施加于结构上的直接作用。我国现行桥梁规范将"作用"定义为施加在结构上的一组集中力或分布力，或引起结构外加变形或约束变形的原因。前者称为直接作用，亦称荷载，后者称为间接作用。

桥梁上的作用按时间变化可分为永久作用、可变作用和偶然作用三类。各类作用列于表7-2中。

表 7-2 作用分类

作用分类	作用名称
永久作用	结构重力（包括结构附加重力）
	预加力
	土的重力
	土侧压力
	混凝土收缩及徐变作用
	水的浮力
	基础变位作用
可变作用	汽车荷载
	汽车冲击力
	汽车离心力
	汽车引起的土侧压力
	人群荷载
	汽车制动力
	风荷载
	流水压力
	冰压力
	温度（均匀温度和样度温度）作用
	支座摩阻力
偶然作用	地震作用
	船舶或漂浮物的撞击作用
	汽车撞击作用

7.3.1 永久作用

永久作用（如恒载）是在结构使用期内，其量值不随时间变化，或其变化值与平均值比较可忽略不计的作用。

结构重力亦称恒载，它包括结构物自重、桥面铺装及附属设备的重力。结构重力标准值可按实际体积乘以材料的重力密度值计算。对于公路桥梁，结构物的自重往往占全部设计荷载的很大部分，例如当桥梁跨度为 20 ~ 150 m 时，结构自重占 30% ~ 60%，跨径愈大所占比例愈高。对于特大跨度的圬工桥、钢筋混凝土桥或预应力混凝土桥，可变作用的影响往往降至次要地位。在此情况下，宜采用轻质、高强材料来减轻桥梁的自重。

7.3.2 可变作用

可变作用（如活载）为在结构使用期内，其量值随时间变化，且其变化值与平均值比较不可忽略的作用。

1. 汽车荷载

公路桥涵设计时，汽车荷载的计算图式、荷载等级及其标准值、加载方法和纵横向折减等应符合下列规定：

（1）汽车荷载分为公路—Ⅰ级和公路—Ⅱ级两个等级。

（2）汽车荷载由车道荷载和车辆荷载组成。车道荷载由均布荷载和集中荷载组成。桥梁结构的整体计算采用车道荷载，桥梁结构的局部加载、涵洞、桥台和挡土墙土压力等的计算采用车辆荷载。车辆荷载与车道荷载的作用不得叠加。

（3）各级公路桥涵设计的汽车荷载等级应符合表 7-3 的规定。

表 7-3 各级公路桥涵的汽车荷载等级

公路等级	高速公路	一级公路	二级公路	三级公路	四级公路
汽车荷载等级	公路—Ⅰ级	公路—Ⅰ级	公路—Ⅱ级	公路—Ⅱ级	公路—Ⅱ级

2. 汽车冲击力

车辆驶过桥梁时，桥面不平整、车轮不圆以及发动机抖动等原因，会引起桥梁结构振动，这种动力效应通常称为冲击作用。在此情况下，车辆荷载（动荷载）对桥梁结构所引起的应力和变形，要比同样大小的静荷载引起的大。鉴于目前对冲击作用还不能在理论上作出符合实际的精确计算，一般就将车辆荷载的动力影响用车辆的重力乘以冲击系数来表达。汽车的冲击系数是汽车过桥时对桥梁结构产生的竖向动力效应增大系数，用 μ 表示。汽车荷载的冲击力为汽车荷载乘以冲击系数 μ。

3. 汽车离心力

当弯道桥的曲线半径等于或小于 250 m 时，应计算汽车荷载引起的离心力。汽车荷载离心力为前述车辆荷载（不计冲击力）乘以离心系数 C。

4. 汽车引起的土侧压力

汽车荷载引起的土侧压力采用车辆荷载加载。

5. 汽车制动力

汽车制动力是汽车在桥上刹车时为克服其惯性力而在车轮与路面之间发生的滑动摩擦力（摩擦系数可在 0.5 以上）。鉴于一行汽车不可能全部同时刹车，制动力并不等于摩擦系数乘以桥上全部车辆荷载。

6. 人群荷载

设有人行道的桥梁，在以汽车荷载计算内力时，应同时计入人行道上人群荷载所产生的内力。

7.3.3 偶然作用

偶然作用是指在结构使用期间出现的概率很小，一旦出现，其值很大且持续时间很短的作用。它包括地震作用、船舶或漂流物的撞击作用和汽车撞击作用。偶然作用会对结构的安全产生非常巨大的影响，甚至使桥梁毁坏和交通中断。因此，建造在地震区或有可能受到船只或漂流物以及汽车撞击的桥梁应进行谨慎的抗震和防撞设计。

1. 地震作用

地震作用主要是指地震时强烈的地面运动引起的结构惯性力，它是随机变化的动力作用，其值的大小决定于地震强烈程度和结构的动力特性（频率与阻尼等）以及结构或杆件的质量。地震作用分竖直方向与水平方向，经验表明地震的水平运动是导致结构破坏的主要因素，结构抗震验算时，一般主要考虑水平地震作用。

公路桥梁地震作用的计算及结构的设计，应符合现行《公路工程抗震设计规范》的规定。对于重要的桥梁工程，必须进行场地地震安全性评价，确定抗震设防要求后进行抗震设计。一般应对结构建立动力计算图式，直接输入地震波，进行线性或非线性动态时程分析，研究结构的抗震安全度。

2. 船舶或漂流物的撞击作用

跨越江、河、海湾的桥梁，必须考虑船舶或漂流物对桥梁墩台的偶然作用。船舶或漂流物与桥梁结构的碰撞过程十分复杂，其与碰撞时的环境因素（风浪、气候、水流等）、船舶特性（船舶类型、行进速度、装载情况以及船舶的强度和刚度等）、桥梁结构（桥梁的尺寸、材料、质量和抗力特性等）及驾驶员的反应时间等因素有关。

3. 汽车撞击作用

桥梁结构必要时可考虑汽车的撞击作用。对于设有防撞设施的结构构件，可视防撞设施的防撞能力，对汽车撞击力予以折减，但折减后的汽车撞击力不应低于上述规定值的 1/6。

除上述规范中规定的三种作用以外，在桥梁设计中，还必须注意结构物在预制、运输、架设安装及各施工阶段可能遇到的各种临时荷载，如起重机具的重力等，可总称其为施工荷载。桥梁设计中因为对施工荷载的取值不当或验算上的疏忽造成的毁桥事故并不少见。

7.4 桥梁施工方法

7.4.1 桥梁下部结构

1. 基础工程

在桥梁工程中，通常采用的基础有扩大基础、桩基础、沉井基础等。基础的施工方法大致可分类如下：

（1）扩大基础。

所谓扩大基础，是将墩（台）及上部结构传来的荷载由其直接传递至较浅的支承地基的一种基础形式，一般采用明挖基坑的方法进行施工，故又称之为明挖扩大基础或浅基础。其主要特点是：

① 由于能在现场用眼睛确认支承地基的情况下进行施工，因而其施工质量可靠；

② 施工时的噪声、振动和对地下污染等建设公害较小；

③ 与其他类型的基础相比，施工所需的操作空间较小；

④ 在多数情况下，比其他类型的基础造价省、工期短；

⑤ 易受冻胀和冲刷产生的恶劣影响。

扩大基础施工的顺序是开挖基坑，对基底进行处理（当地基的承载力不满足设计要求时，需对地基进行加固），然后砌筑圬工或立模、绑扎钢筋、浇筑混凝土。其中，开挖基坑是施工中的一项主要工作，而在开挖过程中，必须解决挡土与止水的问题。

当土质坚硬时，对基坑的坑壁可不进行支护，仅按一定坡度要求进行开挖。在采用土、石围堰或土质疏松的情况下，一般应对开挖后的基坑坑壁进行支护加固，以防止坑壁坍塌。支护的方法有挡板支护加固、混凝土及喷射混凝土加固等。

扩大基础施工的难易程度与地下水处理的难易有关。当地下水位高于基础的设计底面标高时，施工时须采取止水措施，如打钢板桩或考虑采用集水坑用水泵排水、深井排水及井点法等使地下水位降低至开挖面以下，以使开挖工作能在干燥的状态下进行。还可采用化学灌浆法及围幕法（包括冻结法、硅化法、水泥灌浆法和沥青灌浆法等）进行止水或排水，但扩大基础的各种施工方法都有各自特有的制约条件，因此在选择时应特别注意。

（2）桩基础。

桩是深入土层的柱形构件，其作用是将作用于桩顶以上的荷载传递到土体中的较深处。根据不同情况，桩可以有不同的分类法。本书按成桩方法对桩进行分类，并分别叙述其不同的施工方法和工艺。

① 沉入桩。

沉入桩是将预制桩用锤击打或用振动法沉入地层至设计要求标高。预制桩包括木桩、混凝土桩和钢桩，一般有如下特点：因是在预制场内制造，故桩身质量易于控制，可靠；沉入时的施工工序简单，工效高，能保证质量；易于在水上施工；多数情况下施工噪声和振动的公害大，污染环境；受运输、起吊设备能力等条件的限制，其单节预制桩的长度不能过长；沉入长桩时要在现场接桩；桩的接头施工复杂、麻烦且易出现构造上的弱点；接桩后如果不能保证全桩长的垂直度，则将降低桩的承载能力，甚至在沉入时造成断桩；不易穿透较厚的坚硬地层；当坚硬地层下仍存在较弱层，设计要求桩必须穿过时，则需辅以其他施工措施，如射水或预钻孔等；当沉入地基的桩超长时，需截除其超长部分，截桩不仅较困难，且不经济。

沉入桩的施工方法有：锤击沉桩法、振动沉桩法、静力压桩法、辅助沉桩法、沉管灌注法。

锤击沉桩：锤击沉桩是以桩锤（落锤、柴油锤、气动锤、液压锤等）锤击预制桩的桩头而将桩沉入地下土层中的施工方法。它的主要特点是桩在将土向外侧推挤的同时而贯入的施工方法，桩周围的土被挤压，因此增大了桩与土接触面之间的摩擦力；由于沉桩时会产生较大的噪声和振动，在人口稠密的地方一般不宜采用；各种桩锤的施工效果在某程度下受地层、地质、桩重和桩长等条件的限制，因此需注意选用。

振动沉桩法：振动沉桩法是采用振动沉桩机（振动锤）将桩沉入地层的施工方法。它的主要特点是操作简便，沉桩效率高；施工速度快，工期短，费用省；不需辅助设备，管理方便，施工适应性强；沉桩时桩的横向位移和变形小，不易损坏桩；虽有振动，但噪声较小，软弱地基中入土迅速、无公害；因振动锤的构造较复杂，故维修较困难，设备使用寿命较短，耗电量大，需要大型供电设备；地基受振动影响大，遇到坚硬地基时穿透困难，且受振动锤效率限制，较难沉入 30 m 以上的长桩。

静力压桩法：静力压桩法是借助专用桩架自重、配重或结构物自重，通过压梁或压柱将整个桩架自重、配重或结构物反力，以卷扬机滑轮组或电动油泵液压方式施加在桩顶或桩身上，当施加给桩的静压力与桩的入土阻力达到动态平衡时，桩在自重和静压力作用下逐渐沉入地基土中。它的特点是：施工时无冲击力，产生的噪声和振动较小，施工应力小，可减少打桩振动对地基的影响；桩顶不易损坏，不易产生偏心沉桩，精度较高；能在施工中测定沉桩阻力，为设计施工提供参数，并预估和验证桩的承载能力；由于专用桩架设备的高度和压桩能力受到一定限制，较难压入 30 m 以上的长桩，但可通过接桩，分节压入；机械设备的拼装和移动耗时较多。

辅助沉桩法：辅助沉桩法主要有射水辅助沉桩和预钻孔辅助沉桩。射水沉桩是利用在桩尖处设置冲射管喷出高压水，冲刷桩尖处的土体，在桩尖周围地基松动、摩擦阻力减少的同时，使桩受自重以及锤击、振动、静压等作用而下沉的施工方法。这种施工方法只能作为锤击、振动和静力沉桩的辅助手段，而不允许单独使用。其特点是：不易损伤桩材，沉桩效率高；施工时的噪声和振动极小；由于射水破坏了桩周土的结构，桩在下沉时易发生偏斜；消耗大量的水，易产生泥浆污染公害，只宜在特殊条件下使用。预钻孔辅助沉桩，是预先在桩位进行钻孔取土，然后以锤击、振动、静压等法沉桩的一种施工方法。辅助沉桩法主要用于软土层的地基，可分为全钻孔和局部钻孔沉桩法两类。其特点是施工中的噪声和振动小，并可减少对桩区邻近结构物的危害，但施工费用增加 10% ~ 20%。

沉管灌注法：沉管灌注法是采用锤击或振动法将钢管沉入土内，然后在管内灌注混凝土，随灌随拔管而形成桩的一种施工方法。其特点是：设备简单、施工方便、操作简易、施工速度快、工期短、造价低、随地质条件变化适应性强。但由于桩管口径的限制，影响单桩承载力，且施工的振动大、噪声高。这种方法适用于黏质土、砂类土和小粒径中密的碎石土地层。

② 灌注桩。

灌注桩，是在现场采用钻孔机械（或人工）将地层钻挖成预定孔径和深度的孔后，将预制成一定形状的钢筋骨架放入孔内，然后在孔内灌入流动的混凝土而形成桩基。水下混凝土多采用垂直导管法灌注。

它的主要特点是：与沉入桩中的锤击法和振动法相比，施工噪声和振动要小得多；能修建比预制桩的直径大得多的桩；与地基的土质无关，在各种地基上均可使用；施工上应特别注意对钻孔时的孔壁坍塌及桩尖处地基的流砂、孔底沉淀等的处理，施工质量的好坏对桩的承载力影响很大；因混凝土是在泥水中灌注的，因此混凝土质量较难控制。

灌注桩因成孔的机械不同而通常有螺旋钻机成孔法、潜水钻机成孔法、冲击钻机成孔法、正循环回转法、反循环回转法、冲抓钻机成孔法、旋转锥钻孔法、人工挖孔法。

螺旋钻机成孔法：此法利用长螺旋或短螺旋钻机成孔，不采用任何护壁措施。这种施工法基本没有噪声和振动的污染。因不采取护壁措施，仅适用于无地下水的地层，且桩长有一定限度；螺旋钻孔机一般不能穿过卵石、砾石地层。

潜水钻机成孔法：此法采用潜水钻机钻进成孔，钻孔作业时，钻机主轴连同钻头一起潜入水中，由轴底动力直接带动钻头钻进。其特点主要是潜水钻设备简单，体积小，重量轻，施工转移方便；钻进时无噪声，整机钻进时无振动；耗用动力小，钻孔效率较高；可采用正、反循环两种方式排渣，如果循环泥浆不间断，孔壁不易坍塌，但采用反循环排渣时，土中若有大石块，容易卡管；因钻孔需泥浆护壁，施工场地泥多，需设置沉淀池处理排放的泥浆。潜水钻机成孔适用于填土、淤泥、黏土、粉土、砂土等地层，也可在强风化基岩中使用，尤其适用在地下水位较高的土层中成孔，但不宜用于碎石土层。

渣筒冲击钻机成孔法：此法是采用冲击式钻机或卷扬机带动一定重量的冲击钻头，在一定的高度内将钻头提升，然后突放使钻头自由降落，利用冲击功能冲挤土层或破碎岩层形成桩孔，再用掏渣筒或其他方法将钻渣岩屑排出。其特点有：设备简单，操作方便，钻进参数容易掌握，设备移动方便，机械故障少；在含有较大卵砾石层、漂砾石层中施工，成孔效率较高；钻进时孔内泥浆一般不是循环的，只起悬浮钻渣和保持孔壁稳定作用，泥浆用量少，消耗小；容易出现孔斜、卡钻和掉钻等事故及成孔不圆的情况。冲击钻机成孔适用于填土层、黏土土层、粉土土层、淤泥层、砂土层和碎石土层，也适用于砾卵石层、岩溶发育岩层和裂隙发育的地层施工。

正循环回转法：此法是由钻机回转装置带动钻杆和钻头回转切削破碎岩土，钻进时用泥浆护壁、排渣，泥浆由泥浆泵输进钻杆内腔后，经钻头的出浆口射出，带动钻渣沿钻杆与孔壁之间的环状空间上升到孔口溢进沉淀池后返回泥浆池中净化，再供使用。这样，泥浆在泥浆泵、钻杆、钻孔和泥浆池之间反复循环运行。此法特点是：设备简单，在不少场合可直接或稍加改进以借用地质岩心钻探设备或水文水井钻探设备，工程费用较低；钻机小，重量轻，狭窄场地也能使用，且噪声低，振动小；设备故障相对较少，工艺技术成熟，操作简单，易于掌握；有的正循环钻机（如日本利根 THS-70）可钻倾角 10°的斜桩；钻进时，泥浆上返速度低，挟带泥砂颗粒直径较小，排除钻渣能力差，岩土重复破碎现象严重。正循环回转法适用于填土层、淤泥层、粉土层和砂土层，也可在卵砾石含量不大于 15%、粒径小于 10 mm 的部分砂卵砾石层和软质基层、较硬基岩中使用。

反循环回转法：反循环回转是在桩顶处设置比桩径大 15%左右的护筒，护筒内的水位要高出自然地下水位 2 m 以上，以确保孔壁的任何部分均保持 0.02 MPa 以上的静水压力防止孔壁坍塌，然后用旋转钻头连续削孔；与此同时，通过循环水将所削出的岩土钻渣由钻杆内部排至孔外。其特点是：有利于大直径桩及长桩的施工，最大桩径可达 6 m；施工时的振动和噪声较小；由于安附旋转钻头的转台与机架体是分离的，因而能在不便立脚手架的水上或狭窄的场地上进行施工，但临时设施的规模大；因钻头不必每次上下排弃钻渣，只要接长钻杆，就可以在深层进行连续钻挖，因此，钻孔效率高，对孔壁损伤小，排渣干净，孔底沉渣较少；可用于施工上下部直径不同的桩，即能施工变截面桩；采用特殊钻头则可钻挖岩石；地基中有透水性高的夹层、被动水压层时，施工比较困难；如果水压头和泥浆比重等管理不当，将会引起坍孔，且废泥水的处理量大；由于土质不同，钻挖时孔径将比设计桩径扩大 10%～20%，混凝土的数量将随之增大。反循环回转法适用于填土、淤泥、黏土、砂土、砂砾等地层，尤其适用于砂土层；不适用于自重湿陷性黄土层，也不宜用于直径大于 20 cm 的卵石层。采用圆锥式钻头可进入软岩，采用滚轮式（牙轮式）钻头可进入硬岩。

冲抓钻机成孔法：冲抓成孔是利用钻机冲抓锥张开的锥瓣向下冲击切入土石中，收紧锥瓣将土石抓入锥中，然后提升出孔外卸去土石，再向孔内冲击抓土，如此循环钻进成孔的方法，孔中泥浆起护壁作用。全护筒钻机则是将钢护筒压入到桩底护壁，亦使用冲抓锥钻进。冲抓钻机适用于砾类土、粉质土、黏质土、黄土及较松散的砂砾、卵石等土层，不适于在大漂石和岩层中钻孔。

旋转锥钻孔法：此法是用旋转式开挖铲斗去削孔的钻孔桩施工方法。其特点是：施工时的噪声、振动小；施工速度快，施工费用一般较其他方法低；机械设备简单且在施工场地内移动方便；当开挖深度超过一定限度时，因开挖机械需接长而使其效率大减；使用膨润土防止孔壁坍塌时，需有膨润土的储存及膨润土泥浆的处理设备。

人工挖孔法：用人力挖土形成桩孔。在向下挖进的同时，对孔壁进行支护，以保证施工安全，然后在孔内安放钢筋骨架，灌注混凝土而形成桩基。此法可形成大尺寸的桩孔，且桩底可采取扩底的方法以增大桩的支承面积，即所谓扩底桩。视桩端土层情况，扩底直径一般为桩身直径的 1.3～2.5 倍。人工挖孔法的特点是：便于检查孔壁和孔底的地层土质情况，能用眼睛直接确认地基；施工时的噪声、振动极小；便于清底，孔底虚土能清除干净；灌注桩身混凝土时，人可入孔采用振捣棒捣实，因此施工质量可靠；可按施工进度要求分组同时作业，国内因劳力便宜，故人工挖（扩）孔桩造价较低；但因孔内空间狭小，劳动条件差，施工文明程度低，且易发生人身伤亡事故；涌水量大时，施工操作困难，混凝土用量较大。人工挖孔桩适用于无水或少水且较密实的土或岩石地层，但其孔深不宜大于 15 m。

③ 大直径桩。

一般认为，直径 2.5 m 以上的桩可称为大直径桩，目前，最大桩径已达 6 m。近年来，大直径桩在桥梁基础中得到了广泛应用，结构形式也越来越多样化，除实心桩外，还发展了空心桩；施工方法上不仅有钻孔灌注法，还有预制桩壳钻孔埋置法等。根据桩的受力特点，大直径桩多做成变截面的形式。大直径桩与普通桩在施工上的区别上要反映在钻机选型、钻孔泥浆及施工工艺等方面。

（3）沉井基础。

沉井基础是一种断面和刚度均比桩大得多的简状结构，施工时在现场重复交替进行构筑和开挖井内土方，使之沉落到预定支承地基上。在岸滩或浅水中建造沉井时，可采用"筑岛法"施工；在深水中建造时，则可采用浮式沉井，先将其浮运至预定位置，再进行下沉施工。按材料、形状和用途的不同，可将沉井分成很多种类型，但各种沉井基础有如下的共同特点：

① 沉井基础的适宜下沉深度一般为 10～40 m；

② 与其他基础形式相比，沉井基础的抗水平力作用能力及竖直支承力均较大，由于刚度大，其变位较小。

沉井基础施工的难点在于沉井的下沉，主要是通过从井孔内除土，清除刃脚正面阻力及沉井内壁摩阻力后，依靠其自重下沉；沉井下沉的方法可分为排水开挖下沉和不排水开挖下沉，但其基本施工方法应为不排水开挖下沉，只有在稳定的土层中，而且渗水量不大时，才采用排水开挖法下沉；另外还有压重、高压射水、炮震（必要时）、降低井内水位减少浮力以增加沉井自重、采用泥浆润滑套或空气幕等一些沉井下沉的辅助施工方法。

（4）管柱基础。

管柱基础因其施工的方法和工艺相对来说较复杂，所需的机械设备也较多，一般的桥梁极少采用这种形式的基础，仅当桥址处的水文地质条件十分复杂，应用通常的基础施工方法不能奏效时，方采用这种基础形式。因此，对于大型的深水或海中基础，特别是深水岩面不平、流速大的地方，采用管柱基础是比较适宜的。我国的武汉、南京长江大桥和乌龙江大桥都曾采用过这种基础。

管柱基础的施工一般包括管柱预制、围笼拼装浮运和下沉定位、下沉管桩、在管柱底基岩上钻孔、在管柱内安放钢筋笼并灌注水下混凝土等内容。管柱有钢筋混凝土、预应力混凝土和钢管三种，其下沉与前述的沉入桩类似，大多采用振动法并辅以射水、吸泥等措施。管柱下沉必须要有导向装置，浅水时可用导向架，深水中则用整体围笼。

（5）地下连续墙。

地下连续墙是用膨润土泥浆进行护壁，在防止开挖壁面坍塌的同时在设计位置开挖出一条狭长端圆的深槽，然后将钢筋骨架放入槽内并灌注水下混凝土，从而在地下形成连续墙体的一种基础形式。目前，国内还多用于临时支挡设施，国外已有作为永久基础的实例。地下连续墙有墙式和排柱式之分，但一般多用墙式。地下连续墙的特点有：

① 施工时的噪声、振动小；

② 墙体刚度大且截水性能优异，对周边地基无扰动；

③ 所获得的支承力大，可用作刚性基础，对墙体进行适当的组合后可用以代替桩基础和沉井基础；

④ 可用于逆筑法施工，并适用于多种地基条件；

⑤ 在挖槽时因采用泥浆护壁，如管理不当，有槽壁坍塌的问题。

地下连续墙的施工方法种类甚多，根据机械类型和开挖方法可分为抓斗式、冲击式和旋转切削式三类。

2. 承　台

位于旱地、浅水河中采用土石筑岛施工桩基的桥梁，其承台的施工方法与扩大基础的施工方法相类似，可采取明挖基坑、简易板桩围堰后开挖基坑等方法进行施工。

对深水中的承台，可供选择的施工方法通常有：钢板桩围堰、钢管桩围堰、双壁钢围堰及套箱围堰等。不论何种围堰，其目的都是止水，以实现承台的干处施工。钢板桩和钢管桩围堰实际上是同一类型的围堰形式，只不过所用材料不同；双壁钢围堰通常是将桩基和承台的施工一并考虑，即先在堰顶设钻孔平台，桩基施工结束后拆除平台，在堰内进行承台施工；套箱现多采用钢材制作，分有底和无底两种类型，根据受力情况不同又可设计成单壁或双壁。

3. 墩（台）身

墩（台）身的施工方法根据其结构形式的不同而各异。对结构形式较简单、高度不大的中、小桥墩（台）身，通常采取传统的方法，立模（一次或几次）现浇施工；但对高墩及斜拉桥、悬索桥的索塔，则有较多的可供选择的方法。而施工方法的多样化主要反映在模板结构形式的不同。近年来，滑升模板、爬升模板和翻升模板等在高墩及索塔上应用较多。其共同的特点是：将墩身分成若干节段，从下至上逐段进行施工。

采用滑升模板（简称滑模）施工，对结构物外形尺寸的控制较准确，施工进度平稳，安全，机械化程度较高，但因多采用液压装置实现滑升，故成本较高，所需的机具设备亦较多；爬升模板（简称爬模）一般要在模板外侧设置爬架，因此这种模板相对而言需耗用较多的材料，体积亦较庞大，但不需设另外的提升设备；翻升模板（简称翻模）结构较简单，施工亦较方便，不过需设专门用于提升的起吊设备。

高墩的施工，应根据现场的实际情况，进行综合比较后来选择适宜的施工方案。中、小桥中，有的设计为石砌墩（台）身，其施工工艺虽较简单，但必须严格控制砌石工程的质量。

7.4.2　桥梁上部结构

桥梁上部结构的形式是多种多样的，其施工方法的种类也较多，但除一些比较特殊的施工方法之外，大致可分为预制安装和现浇两大类。

1. 预制安装法

预制安装可分为预制梁安装和预制节段式块件拼装两种类型。前者主要指装配式的简支梁板，如空心板梁T形梁、I形梁及小跨径箱梁等的安装，尔后进行横向联结或施工桥面板而使之成为桥梁整体；后者则将梁体（一般为箱梁）沿桥轴向分段预制成节段式块件，运至现场进行拼装，其拼装方法一般多采用悬臂法。连续梁、T构、刚构和斜拉桥都可应用这种方法进行施工。

（1）自行式吊车吊装法。

这种吊装法多采用汽车吊、履带吊和轮胎吊等机械，有单吊和双吊之分。此法一般适用于跨径在 30 m 以内的简支梁板的安装作业。在现场吊装孔跨内或引道上应有足够设置吊车的场地，同时应确保运梁道路的畅通，吊车的选定应充分考虑梁体的重量和作业半径后方可决定。

（2）跨墩龙门安装法。

在墩台两侧顺桥向设置轨道，在其上安置跨墩的龙门吊，将梁体在吊起状态下运至架设地点而安装在预定位置。此法一般可将梁的预制场地安排在桥头引道，以缩短运梁距离。其优点是：施工作业简单、迅速，可快速施工，容易保证施工安全；但要求架设地点的地形应平坦且良好，梁体应能沿顺桥向搬运，桥墩不能太高。因设备的费用较大，架设安装的孔跨数不能太少。

（3）架桥机安装法。

这是预制梁的典型架设安装方法。在孔跨内设置安装导梁，以此作为支承梁来架设梁体，这种作为支承梁的安装梁结构称为架桥机。目前架桥机的种类甚多，有专用的架桥机设备，也有施工者应用常备构件（万能杆件和贝雷片等）自行拼装而成的。按形式的不同，架桥机又可分为单导梁、双导梁、斜拉式和悬吊式等等。悬臂拼装和逐跨拼装的节段式桥梁也经常采用。

专用的架桥机设备进行施工，其特点是：不受架设孔跨的桥墩高度影响，亦不受梁下条件的影响；架设速度快，作业安全度高，对于跨数较多的长大桥梁更具优越性。

（4）扒杆吊装法。

扒杆吊装是一种较原始但简单易行的方法，对一些质量轻的小型构件比较适宜，目前已很少采用。但近年国内亦有采用扒杆吊装大跨径（330 m）桁式拱的经验，单件吊装最大质量达 200 t。

（5）浮吊架设法。

这种方法一般适用于河口、海上长大桥梁的架设安装，包括整孔架设和节段式块件的悬臂拼装。采用此法工期较短，但梁体的补强、趸船的补强及趸船、大型吊具、架设用的卡具等设备均较大型化，浮吊所需费用较高，且易受气象、海象和地理条件的影响。梁体安装就位时，浮力的减少会引起浮吊和趸船移动，伴随而来的是会使梁体摇动，因此应充分考虑其倾覆问题。

（6）浮运整孔架设法。

浮运整孔架设法是将梁体用趸船载运至架设地点后进行架设安装的方法，可采用两种方式：第一种方式是用两套卷扬机（或液压千斤顶装置）组合提升吊装就位；第二种方式是利用趸船的吃水落差将整孔梁体安装就位。

（7）缆索吊装法。

缆索吊装法为当桥址为深谷、急流等桥下净空不能利用时，在桥台上或桥台后方设立钢塔架，塔架上悬挂缆索，以此缆索作为承重索进行架设安装的施工方法。缆索吊装法较多地应用于拱桥的拼装施工中，有直吊式和斜拉式之分。梁式桥及其他桥型亦有采用此法施工的。缆索吊装法比其他方法的架设机械庞大且工期长，采用前应对其经济性进行充分分析。

（8）提升法。

提升法有两种形式：一是采用卷扬机装置进行提升，较适用于节段式悬臂拼装的桥梁；另一种是采用液压式千斤顶装置进行连续提升，较适用于重型梁体的架设安装。

（9）逐孔拼装法。

逐孔拼装法一般适用于节段式预应力混凝土连续梁的施工。在施工的孔跨内搭设落地式支架或采用悬吊式支架，将节段预制块件按顺序吊放在支架上，然后在预留孔道内穿入预应力筋，对梁施加预应力使其成为整体，这种方法形象的通俗名称为"穿糖葫芦"。

（10）悬臂拼装法

悬臂拼装法现多用于预应力混凝土梁体的施工，其他类型的桥梁亦可选用。这是一种将梁体分节段预制，墩顶附近的块件用其他架设机械安装或现浇，然后以桥墩为对称点，将预制块件沿桥跨方向对称起吊、安装就位后，张拉预应力筋，使悬臂不断接长，直至合龙的施工方法。悬臂拼装法施工速度快，桥梁上、下部结构可并行操作，预制块件的施工质量易控制，但预制节段所需的场地较大，且拼装精度在大跨桥梁的施工中要求较高，因此此法可在跨径为 100 ~ 200 m 的大桥中选用。这种施工方法可不用或少用支架，施工时不影响通航或桥下交通，宜在跨深水、山谷和海上进行施工，并适用于变截面预应力混凝土梁桥。

悬臂拼装可用的机具设备较多，有移动式吊车、移动桁式吊、缆索吊、汽车吊和浮吊等，可根据不同的桥梁结构和地形条件进行选择。

2. 现浇法

（1）固定支架法。

这是在桥跨间设置支架，安装模板，绑扎钢筋，现场浇筑混凝土的施工方法，特别适用于旱地上的钢筋混凝土和预应力混凝土中小跨径连续梁桥的施工。支架按其构造的不同可分为满布式、柱式、梁式和梁柱式几种类型，所用材料有门式支架、扣件式支架、碗扣式支架、贝雷桁片、万能杆件及各种型钢组合构件等。在这种施工法中，支架虽为临时结构，但施工中需承受梁体的大部分恒重，因此必须有足够的强度和刚度，同时支架的地基要可靠，必要时需对地基进行加固处理。固定支架法施工的特点是：梁的整体性好，施工平稳、可靠，不需大型起重设备；施工中无体系转换的问题；需要大量施工支架，并需要有较人的施工场地。

（2）逐孔现浇法。

① 在支架上逐孔现浇施工。

这是一种与前述的固定支架法相类似的施工方法，其区别在于逐孔现浇施工仅在梁的一孔（或二孔）间设置支架，完成后将支架整体转移到下一孔进行连续施工，因此这种方法可仅用一孔（或二孔）的支架和周转使用模板，所需施工费用较少。支架可用落地式、梁式和落地移动式。落地式支架多用于旱地桥梁或桥墩较低的情况；梁式支架的承重梁则可支承在位于桥墩承台的立柱上或锚固于桥墩的横梁上；落地移动式支架可在地面设置轨道，支架在轨道上（或其他滑动、滚动装置上）进行转移。逐孔现浇施工的接头通常设在距桥墩中心约 $L/5$ 弯矩较小的部位，这种施工方法适用于中小跨径及结构构造比较简单的预应力混凝土桥梁。

② 移动模架逐孔现浇施工。

这种方法是使用不着地移动式的支架和装配式的模板进行连续地逐孔现浇施工。此法自

20 世纪 50 年代末开始使用以来，得到了较广泛的应用，特别对于多跨长桥如高架桥、海湾桥，使用十分方便，施工快速，安全可靠，机械化程度高，节省劳力，劳动强度轻，占施工场地少，不会受桥下各种条件的影响，能周期循环施工，同时也适用于弯、坡、斜桥。但因其模架设备的投资较大，拼装与拆除都较复杂，所以此法一般适用于跨径为 20～50 m 的预应力混凝土连续梁桥施工，且桥长至少应在 500 m 以上。

移动模架可分为在梁下以支架梁等支承梁体重量的活动模架（支承式）和在桥面上设置的主梁支承梁重的移动悬吊模架两种形式。

（3）悬臂浇筑法。

这种方法最常用的是采用挂篮悬臂浇筑施工，在桥墩两侧对称逐段就地浇筑混凝土，待混凝土达到一定强度后张拉预应力筋，移动挂篮继续进行施工，使悬臂不断接长，直至合龙。挂篮悬臂浇筑施工是 1959 年首先由联邦德国迪维达克公司创造和使用的，因此又称迪维达克施工法。挂篮的构造形式很多，通常由承重梁、悬吊模板、锚固装置、行走系统和工作平台几部分组成。挂篮的功能是：支承梁段模板、调整位置、吊运材料机具、浇筑混凝土、拆模和在挂篮上进行预应力张拉工作。挂篮除强度应保证安全可靠外，还要求造价省、节省材料、操作使用方便、变形小、稳定性好、装拆移动灵活和施工速度快等。

悬臂浇筑施工不需在跨间设置支架，使用少量施工机具设备就可以很方便地跨越深谷和河流，适用于大跨径连续梁桥的施工；同时根据施工受力特点，悬臂施工一般宜在变截面梁中使用。

（4）顶推法。

顶推施工是在桥台的后方设置施工场地，分节段浇筑梁体，并用纵向预应力筋将浇筑节段与已完成的梁体连成整体的施工方法。在梁体前端安装长度为顶推跨径 0.7 倍左右的钢导梁，然后通过水平千斤顶施力，将梁体向前方顶推出施工场地，重复这些工序即可完成全部梁体的施工。顶推法最早是 1959 年在奥地利的阿格尔桥上使用的，其特点是：由于作业场所限定在一定范围内，可设置制作顶棚而使施工不受天气影响，全天候施工。连续梁的顶推跨径以 30～50 m 最为经济有利，若竣工跨径大于此值，则需有临时墩等辅助手段。逐段顶推施工宜在等截面的预应力混凝土连续梁桥中使用，也可在结合梁和斜拉桥的主梁上使用。用顶推法施工，设备简单、施工平稳、噪声低、施工质量好，可在深谷和宽深河道上的桥梁、高架桥以及等曲率曲线桥、带有竖曲线的桥和坡桥上采用。

顶推施工依顶推施力的方法不同可分为单点顶推和多点顶推两种。

3. 转体施工法

转体法多用于拱桥的施工，亦可用于斜拉桥和刚构桥。这种施工法是在岸边立支架（或利用地形）预制半跨桥梁的上部结构，然后借助上、下转轴偏心值产生的分力使两岸半跨桥梁上部结构向桥跨转动，用风缆控制其转速，最后就位合龙。该法最适用于峡谷、水深流急、通航河道和跨线桥等地形特殊的情况，具有工艺简单、操作安全、所需设备少、成本低、速度快等特点。转体法分平转和竖转两种施工方法，施工中又分为有平衡重和无平衡重两种方式。

7.5 桥梁未来发展趋势

21世纪，世界桥梁将实现新型、大跨、轻质、灵敏和美观的国际桥梁发展新目标。

7.5.1 桥梁结构形式多彩多姿

迄今为止，古今中外所有的桥梁均按照构造和受力体系分类，大致可分为8种：刚架桥、拱桥、系杆拱桥、简支梁桥、连续梁桥、T构桥、斜拉桥、悬索桥。例如：中国古桥赵州桥、各种石拱桥、混凝土拱桥、钢管拱桥均属拱桥类；南京长江大桥、九江长江大桥、杭州钱江二桥等属连续梁桥类；美国旧金山的金门大桥、中国西陵长江大桥和汕头海湾大桥均属悬索吊桥；武汉长江二桥、芜湖长江大桥、宜昌夷陵长江大桥等均属斜拉桥类。

21世纪，随着高强度钢、玻璃钢、铝合金、碳纤维等太空轻质材料的大量启用，桥梁建筑的主要材料将不断更新，桥梁结构的形式将呈现出多样化发展格局。

目前，计算机技术的发展为桥梁结构的优化设计创造了条件，使桥梁设计人员可以对即将兴建的桥梁进行模拟分析，使不同材料的性能发挥到极致；结构动力学理论的发展与完善使设计者采用非常轻质的梁型时，不致出现像著名的塔科马海峡吊桥那样有被风吹塌的危险；依靠科技进步可使设计人员打破常规，采取特殊的结构措施，用最少的钱造出轻质、美观而实用的桥梁来。如跨越地中海的直布罗陀海峡大桥采用了浮桥方案，但不是传统意义上浮在水上的浮桥，而是将桥梁基础放在一个巨大的没于水中的水密舱上，水密舱锚定于海底，其上部结构即为常规桥梁，其反吊桥结构形式首开国际桥式之先河；再如世纪之交中国推出的大跨转体钢管拱桥北盘江大桥，其桥梁结构形式在国际上也是绝无仅有的。21世纪还将出现一种水下密封隧道式桥梁。意大利墨西拿海峡大桥在设计时就有这种比选方案，这种桥下部结构为承台固基，上部结构则是一个沉埋水下管段式密封隧道，这是针对墨西拿海峡大桥常年狂风大浪、恶劣气候而精心选定的桥隧方案。21世纪方兴未艾的结合梁型的桥梁、斜拉桥、悬索桥也将得到长足发展。

7.5.2 新型材料擎起大跨、轻质桥梁

自18世纪80年代以来的200多年间，随着大工业的兴起和交通运输的需要而发展起来的世界桥梁，桥跨由英国熟铁链杆桥——曼内海峡桥主跨177 m的最初桥跨的世界之最，到1931年美国建成乔治·华盛顿桥，主跨首先突破1 000 m大关，达到1 067 m，百米到千米桥跨的发展历经了一个半世纪。20世纪的后70年里，美国主跨1 280 m的金门大桥、主跨1 289 m的维拉扎纳大桥，两次刷新了当时的世界桥跨纪录。到20世纪八九十年代，英国的恒比尔河大桥、日本的明石海峡大桥先后再次刷新世界桥跨纪录，桥跨这才开始接近2 000 m大关。

21 世纪世界桥梁跨度有多长？随着意大利主跨 3 300 m 的墨西拿海峡大桥设计的完成，人类社会的建桥技术、新型材料的运用使桥梁跨度已步入登峰造极阶段。据有关桥梁专家预测，筹建中的西班牙与摩洛哥之间的直布罗陀海峡大桥、美俄之间的白令海峡大桥的桥梁跨度将突破墨西拿海峡大桥主跨的长度，成为 21 世纪新的世界桥梁跨度之最。这些主跨接近 4 000 m，达到登峰造极水平的特大型桥梁建成之后，除大洋洲孤悬于大洋之中外，亚非欧美四大洲将联为一体。

据有关桥梁专家介绍，21 世纪的桥梁主材将采用高强度、高韧性钢材和抑振合金材料。日本明石海峡大桥的加劲梁采用 780 MPa 焊接低预热型新型高强度钢板，使其桥梁主跨设计刷新了 20 世纪的最大跨纪录，达到 1 990 m。21 世纪，钢桁连续梁将大量采用高强度低预热型焊接用钢板、大线能量焊接用钢板、高韧性钢板、抗层状撕裂型钢板、异形钢板、耐候钢及镀锌钢板、抑振厚板、玻璃钢、抑振合金材料，不仅可有效地增大钢桁梁桥的桥跨，而且能有效地降低梁体自重，实现大跨、轻质目标。高强度混凝土是桥梁建设必不可少的主材料之一，21 世纪的混凝土材料将加入来亚纳米、水溶性聚合物、有机纤维以不断提高强度与耐久性。桥梁建设将广泛运用环保型混凝土，桥梁的韧性、耐久性及强度将得到有效的提高。

7.5.3 桥灵路畅与环保相得益彰

20 世纪 90 年代以来，桥梁界设计与建造桥梁时将实用功能与艺术构思融为一体，充分考虑周边环境保护，使一座座桥梁成为城市中新的旅游风景线。如连接京九铁路、贯通湖北黄梅和江西九江的九江长江大桥，是我国目前规模最大的柔性拱刚性梁连续栓焊钢桁梁特大桥，远看像一条游龙腾跃飞九霄，与周边庐山峻岭秀峰、甘棠白水碧湖、鄱阳湖潮、浔阳楼阁等名山锦绣相得益彰。目前，欧美、日本等发达国家的桥梁设计不仅追求造型美与环境协调，实用功能更是不断提高，许多国家的大型海峡桥、海湾桥、湖泊桥中间都设置了车站、商店，桥墩、桥塔上设置装饰独特的咖啡馆，或供人休闲游览的观景台，桥栏桥头布置雕塑、壁画之风方兴未艾。

21 世纪的桥梁建设最令人振奋的是大节段、大块件桥梁结构实现工厂预制，大吨位吊船现场快速安装。一座数千米上万米长的特大桥，墩台、桥塔、梁体安装仅需半年左右时间即可大功告成，既不破坏植被，又不污染施工水域，施工快捷、质量好，并可节省大量的劳动力。上海东海大桥、待建的杭州湾跨海大桥的工厂预制、现场安装的设施及 2 000 t 大型建桥浮吊船舶已问世，年内便可投入使用。目前，发达国家的桥梁施工已配有施工指导智能化系统，即利用高速计算机将现场通过自动化传感器对桥梁各部位坐标内力、应力、变形、温度、气象数据进行综合分析、自动判断，确立下一步施工方案及确保安全的应急措施，以保障大桥建造质量和安全使用寿命万无一失。

21 世纪建成的新型大桥将"头脑"灵活、"感觉"敏捷，计算机系统和传感器系统将可以感知风力、气温状况，同时可随时得到并反映出大桥的承载情况、交通状况，桥面还将设有路径传感器，客车无人驾驶时不会偏离车道并能顺利通过大桥。自动收费装置将阻截"逃票"车辆，交费足额才可放行。桥体内的传感器可测出大桥各部位的危险及潜在故障，并及时发出警报。严寒冬季桥墩上的自动加热系统将启动吸收地热，将地热传向桥面融化冰雪；超载汽车、列车通过大桥之前，会被装在桥头的传感器感测出来，及时传感到智能装置，桥头放行栅栏将自动关闭，以防桥梁超载发生危险。21世纪，将有更多造福人类、代表社会进步与高度文明的标志性建筑。

思 考 题

1. 桥梁的基本组成是什么？
2. 桥梁根据结构形式可划分为什么类型？
3. 现代悬索桥一般由哪几部分组成？
4. 桥梁悬臂施工法的主要特点是什么？
5. 顶推法施工的特点是什么？
6. 普通钢筋混凝土拱桥施工方法有哪些？

课后阅读

我国7大跨海工程让西方羡慕

我国古代的桥，形式种类繁多，发展演变过程漫长，其所取得的辉煌成就曾在东西方桥梁发展史中占有重要地位。现代以来，随着高科技的蓬勃发展，桥梁技术也突飞猛进。如今的桥已不单单是交通线路的延续，还是一个个专家攻坚克难的巨作，是一道道跨越河流、山谷甚至海洋的雄美景观，是一座座城市的发展进步史。

跨海大桥，顾名思义指的是横跨海峡、海湾等海上的桥梁（图7-8）。这类桥梁跨度一般都比较长，短则几千米，长则数十千米，所以对技术的要求较高，是顶尖桥梁技术的体现。目前，中国建成的跨海大桥中，有世界上最长的，有全国桥梁抗震级别最高的，还有大大缩短两地交通距离的。下面就一起来看看我国跨海大桥中的杰作吧！

图7-8　海湾大桥

1. 青岛胶州湾跨海大桥

山东青岛胶州湾大桥起自青岛主城区，经红岛到黄岛，大桥全长 36.48 km，投资额近 100 亿元人民币。其是我国自行设计、施工、建造的特大跨海大桥，于 2006 年动工，历时 4 年，于 2011 年 6 月 30 日全线通车。该桥是当今世界上最长的跨海大桥，也是世界第二长桥，2011 年上榜吉尼斯世界纪录和美国"福布斯"杂志，荣膺"全球最棒桥梁"荣誉称号，见图 7-9。

图 7-9 青岛胶州湾跨海大桥美景

胶州湾大桥抗风性能优良，是按抵抗百年不遇的大风而进行设计的。胶州湾大桥的建设，大大提高了交通通行效率，密切了济南、青岛两大城市间的交通，缓解了青岛胶州湾高速公路的交通压力。

2. 杭州湾大桥

杭州湾跨海大桥（图 7-10）是一座横跨杭州湾海域的跨海大桥，大桥北起浙江嘉兴，南至宁波，全长 36 km。其是连接长三角地区的经济枢纽，是继上海浦东南浦大桥之后，中国第二座跨海跨江大桥。历时 5 年，大桥于 2008 年 5 月 1 日正式通车。大桥的建成缓解了拥挤不堪的沪杭甬高速公路运输压力，形成了以上海为中心的江浙沪两小时交通圈。

图 7-10 杭州湾大桥美景

此外，大桥建设首次引入了景观设计概念，借助"长桥卧波"的美学理念，呈现S形曲线，具有较高的观赏性、游览性，见图7-11。

图 7-11　杭州湾大桥

3. 舟山跨海大桥

舟山跨海大桥（图7-12）是由浙江省交通投资集团投资建设的跨海大桥，大桥起自舟山本岛环岛公路，经舟山群岛中的里钓岛、富翅岛、册子岛、金塘岛至宁波镇海区，与宁波绕城高速公路和杭州湾大桥相连接。跨海工程共建5座大桥，全长48 km，共跨4座岛屿，翻9个涵洞，穿2个隧道，投资逾百亿元人民币。

图 7-12　舟山跨海大桥美景

舟山跨海大桥于2009年12月25日正式通车，整座大桥建成后，舟山与宁波、杭州的车程距离大大缩短，舟山更紧密地融入了长三角经济圈。

4. 港珠澳大桥

港珠澳大桥（图7-13）是一座连接香港、珠海和澳门的巨大桥梁。港珠澳大桥主体建造工程于2009年12月15日开工建设，大桥全长近50 km，主体工程长度约35 km，包含离岸人工岛及海底隧道，将会形成"三小时生活圈"，缩减穿越三地时间，对促进香港、澳门和珠江三角洲西岸地区经济的发展具重要意义。

大桥预计于 2016 年完工，大桥落成后，将会是世界上最长的六线行车沉管隧道，及世界上跨海距离最长的桥隧组合公路。

图 7-13　港珠澳大桥

5. 嘉绍大桥

嘉绍大桥（图 7-14）北起嘉兴市，南接绍兴市，是继杭州湾跨海大桥后，又一座横跨杭州湾的大桥。嘉绍大桥全长 10.137 km，于 2008 年 12 月 14 日正式开工建设，2013 年 7 月 19 日建成通车。

嘉绍大桥是世界上最长、最宽的多塔斜拉桥，其索塔数量、主桥长度规模位居世界第一。嘉绍大桥的建设使绍兴到上海的车程至少缩短一半，推进了长三角地区一体化经济发展。

图 7-14　嘉绍大桥美景

6. 上海卢浦大桥

卢浦大桥（图 7-15）北起浦西鲁班路，穿越黄浦江，南至浦东济阳路，大桥主桥长 750 m，采用一跨过江。由于主跨直径达 550 m，居世界同类桥梁之首，被誉为"世界第一钢拱桥"。同时，它也是世界上首座完全采用焊接工艺连接的大型拱桥。大桥于 2000 年 10 月开工兴建，2003 年 6 月建成通车。卢浦大桥桥身呈优美的弧型，如长虹卧波飞架在黄浦江之上。

卢浦大桥在设计上融入了斜拉桥、拱桥和悬索桥三种不同类型桥梁设计工艺，是目前世界上单座桥梁建造中施工工艺最复杂、用钢量最多的大桥。卢浦大桥安装了观光平台和观光步行台阶，这增加了大桥旅游观光的功能。

图 7-15　上海卢浦大桥美景

7. 清澜大桥

清澜大桥（图 7-16）位于海南省著名侨乡文昌市清澜港，大桥起于文清大道连接线，跨越清澜港连接东郊码头，是继海口世纪大桥之后海南第二座跨海大桥，于 2012 年 12 月 18 日建成并正式通车。清澜大桥设计抗震级别为 9 级，系全国桥梁抗震级别最高的大桥。大桥的建成将搭起海南省东部滨海旅游新通道，把琼北旅游圈和东部滨海旅游资源紧密连接起来，形成海南省新的旅游产业带。

建成后的清澜大桥，成为文昌市的标志性景观建筑。随着我国经济实力的增长和海洋工程技术的进步，除了这些已经建成的大桥，我国远景规划建设的跨海通道工程还有：渤海海峡通道工程（连通辽东半岛与山东半岛）、长江口岛桥工程（连接上海、崇明岛和江苏南通地区）、琼州海峡大桥（海南岛连陆）工程等。

图 7-16　清澜大桥美景

巨大海洋工程的修建，将成为我国 21 世纪合理开发利用海洋，投身海洋建设事业的重要标志之一。

第8章　地下与隧道工程

早在 1981 年 5 月，联合国自然资源委员会就把地下空间与宇宙和海洋并列的"重要为自然资源"。随着城市化的发展、人口的过度膨胀以及耕地越来越少，人类在拓展生存空间上可以采取的有效措施之一就是开发和利用地下空间。作为土木工程一个重要分支的"地下工程"日益受到工程师和科学家的关注，有人甚至预言未来既是航天工程的未来，也是地下工程的未来。事实上，后者面临的困难丝毫不亚于前者，因为人来对地球内部的认识还滞后于对太空的认识。

8.1　地下工程

8.1.1　开发地下空间的紧迫性

1. 地少人多的矛盾日益尖锐

地球表面的分配大致是海洋占 71%、陆地占 29%。其中陆地大部分是山地、森林、草原、沙漠等各种不宜耕种的土地，适应于耕种的土地仅占 6.3%，如果算上城市化发展所占的部分，真正能用于生产粮食的可耕种地还要小于这个比例。至于中国的情况则更加不容乐观。无论耕地、林地、水资源，中国的人均值都远低于世界平均水平，即使是人口同样众多而国土面积仅为中国 1/3 的印度，人均耕地都是我的 2.5 倍。

耕地越来越少，人口越来越多，为了保证粮食安全，坚守住 18 亿亩（1 亩 = 667 m²）耕地红线之外，我们可以采取的有效措施之一就是开发地下空间。自 1981 年 5 月，联合国自然资源委员会把地下空间确定为"重要的自然资源"之后，许多有识之士在不同的场合指出了开发城市地下空间的重要性。一些发达国家也都率先规划甚至大规模投资兴建地下工程，如早在 1972 年，莫斯科城市规划中就规定开发城市地下空间面积为 720 km²，占全市总面积的 30%，1974—1984 年美国用于地下工程的投资为 7 500 亿美元，占基建总投资的 30%。

2. 人类对地球的认识和开发的困难

相比于对太空的认识，人类对地球的认识是远远滞后的，原因固然复杂，但是有一点是人们公认的，即太空飞行在理论上，早在 300 多年前牛顿就有了明确且准确的研究成果，即三个宇宙速度，今天人们至少已经达到了第二个宇宙速度，即能到达火星，而对地球内部的认识至今还是一个假说。

8.1.2 地下工程的特点

1. 为人类的生存开拓广阔的空间

随着国民经济现代化水平的提高和城市人口的增加，人类因居住和从事各种活动而争占土地的矛盾日趋激化。从宏观上看，人口的增加和生活需求的增长与土地等自然条件的日益恶化和资源的逐渐枯竭引起的人类生存空间问题，应该说已达到了危机程度。在这种情况下，地下空间资源的开发与综合利用，为人类生存空间的扩展提供了具有很大潜力的自然资源。

目前，城市地下空间的开发深度已达 30 m，有人曾大胆地估计，即使只开发相当于城市总容积 1/3 的地下空间，就等于全部城市地面建筑的容积。这足以说明，地下空间资源的潜力很大，不仅为开发利用本身创造了空间，而且用开掘出的弃土废渣填筑低洼地、河滩地等也可变城市的无用地为有用地。

2. 具有良好的热稳定性和密闭性

岩土的特性是热稳定性和密闭性，使得地下建筑周围有一个比较稳定的温度场，对于要求恒温、恒湿、超净的生产、生活用建筑非常适宜，尤其在低温或高温状态下贮存物资效果更为显著，在地下比在地面创造这样的环境容易，造价和运营费用较低。

3. 具有良好的抗灾和防护性能

地下建筑处于一定厚度的土层或岩层的覆盖下，可免遭或减轻包括核武器在内的空袭、炮轰、爆破的破坏，同时也能较有效地抗御地震、台风等自然灾害，以及火灾、爆炸等人为灾害。

4. 社会、经济、环境等多方面的综合效益好

在大城市中有规划地建造地下各种建筑工程，对节省城市占地、节约能源（有统计说明：地下与地面同类型建筑空间相比，其空间内部的加热或冷冻负荷所耗能源可节省费用 30% ~ 60%）、克服地面各种障碍、改善城市交通、减少城市污染、扩大城市空间容量、节省时间、提高工作效率和提高城市生活质量等方面，都能起到极其重要的作用，是现代化城市建设的必经之路。

5. 施工条件较复杂、造价较高

城市地下工程往往是在大城市形成之后兴建的，而且要与地面建筑、交通设施等分工、配合和衔接，因而它要通过各种土岩层或者河湖、建筑物基础和市政地下管道等。修建时既要不影响地面交通与正常生活，又要使地面不沉陷、开裂，绝对保证地面或地下建筑物与设施的安全，这就给地下工程增加了难度，为此必须有万无一失的施工组织设计和可靠的技术措施来保证。一般来说，地下工程的施工工期较长，工程造价较高。但随着科技的进步，地下工程的某些局限性将会逐渐得到改善和克服。

城市地下工程是从事研究和建造城市各种地下工程的规划、勘察、设计、施工和维护的一门综合性应用科学与工程技术，是土木工程的一个分支。

在城市地面以下土体、岩体中或水底以下修建的各种类型的地下建筑物或结构物的工程，均称为城市地下工程。它包括交通运输方面的地下铁道、公路隧道、地下停车场、过街或穿越障碍的各种地下通道等，工业与民用方面的各种地下制作车间、电站、各种储存库房、商店、人防与地下市政工程，以及文化、体育、娱乐与生活等方面的联合建筑体。

8.1.3 地下工程分类

地下工程有许多分类方法，如按其使用功能、周围岩介质、设计施工方法、建筑材料和断面构造形式分类，也有按其重要程度、防护等级、抗震等级分类的。

1. 按使用功能分类

地下工程按使用功能分为交通工程、市政管道工程、地下工业建筑、地下民用建筑、地下军事工程、地下仓储工程、地下娱乐体育设施等。

2. 按四周围岩介质分类

地下工程按四周围岩介质分为软土地下工程、硬土（岩石）地下工程、海（河、湖）底或悬浮工程；按照地下工程所处围岩介质的覆盖层厚度，又分为深埋、浅埋、中埋等埋深工程。

3. 按施工方法分类

地下工程按施工方法分为浅埋明挖法地下工程、盖挖逆作法地下工程、矿山法隧道、盾构法隧道、顶管法隧道、沉管法随道、沉井（箱）基础工程等。

4. 按结构形式分类

地下建筑和地面建筑结合在一起的常称为附建式，独立修建的地下工程为单建式（图8-1）。地下工程结构形式可以为隧道形式，横断面尺寸远远小于纵向长度尺寸，即廊道式。平面布局上也可以构成棋盘式或者类似地面房间布置，可以单跨、多跨，也可以单层或多层，通常的浅埋地下结构为多跨多层框架结构。横断面最常见的有圆形、口形、马蹄形、直墙拱形、曲墙拱形、落地拱、联拱（塔拱）、穹顶直墙等。

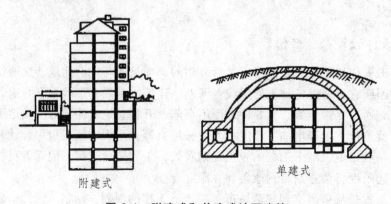

附建式　　　　　　　　　单建式

图 8-1　附建式和单建式地下建筑

5. 按衬砌材料和构造分类

衬砌材料主要有砖、石、砌块混凝土、钢筋混凝土、钢轨、锚杆、喷射混凝土、铸铁、钢纤维混凝土、聚合物钢纤维混凝土等。根据现场浇筑施工方法不同，衬砌构造形式分为：模筑式衬砌、离壁式衬砌、装配式衬砌、锚喷支护衬砌。

地下空间从远古时代就已经被人们利用，现在地下空间被视为人类所拥有，但尚未被充分开发的一种宝贵的自然资源，开发利用地下空间是实现开辟新的生存空间的途径。特别是在人口爆炸、土地日益减少的背景下，地下空间的充分利用和开发对人类的生存和发展具有重要的战略意义。

（1）维式拓展，从而提高土地的利用率，节约土地资源。

（2）在现有土地条件下，缓解城市发展中的各种矛盾。

（3）保护和改善生态环境。

（4）建立完善的城市地下防灾空间体系，保障城市在发生自然和人为灾害时人员和物资的安全。

（5）实现集约化和可持续发展。

地下空间较之地上空间具有较强的抗暴、抗震、防火、防毒、防风的能力。因为岩土具有削弱冲击波的能力，地面的火灾不容易蔓延到地下空间，只需在出入口采取一定的防火措施。

地下空间内部防灾的要求：一是对灾情的控制，包括控制火源、起火感知和信息发布、阻止火势蔓延和烟流扩散及组织有效的灭火；二是内部人员的疏散和撤离，主要从规划设计上做到对火灾的隔离，保证疏散通道的足够宽度，满足出入口的数量要求并使其位置保持与疏散人员的最小距离。地下空间的内部灾害防治需要引起重视。

8.2 隧道工程

8.2.1 隧道工程的特点与分类

隧道是埋置于地层中的工程建筑物，是人类利用地下空间的一种形式。它属于下空间的一种。1970年，国际经济合作与发展组织召开的隧道会议综合了各种因素，对隧道所下的定义为："以某种用途、在地面下用任何方法按规定形状和尺寸修筑的断面面积大于 2 ㎡的洞室。"

隧道的种类繁多，从不同的角度来区分，就有不同的分类方法，从地质条件可分为土质隧道和石质隧道，按埋深分为浅埋隧道和深埋隧道，从所处的位置分为山岭隧道、水底隧道和城市隧道。

1. 按用途分类

（1）交通隧道。交通隧道是隧道中数量比较多的一种，它主要是为交通提供一种克服障碍物和高差的运输通道，如铁路隧道（图8-2）、公路隧道（图8-3）、水底隧道、地下铁道、航运隧道及人行地道等。

图 8-2　铁路隧道

图 8-3　公路隧道

（2）水工隧道。水工隧道是水利枢纽的一个重要组成部分，根据用途可以分为引水隧道、尾水隧道（发电机的排水通道）、导流隧道或泄洪隧道以及排沙隧道。

（3）市政隧道。市政隧道是城市中为安置各种不同市政设施而修建的地下孔道，如给水隧道、污水隧道、管路隧道、线路隧道以及人防隧道等。

（4）矿山隧道。在矿山的开采过程中，常架设一些隧道通往矿床，也叫巷道，如运输巷道、给水巷道以及通风巷道等。

按照隧道所经地区不同，隧道还可分为山岭隧道、城市隧道、水底隧道道。

2. 按隧道的长短划分

（1）特长隧道：全长在 10 000 m 以上；

（2）长隧道：全长 3 000 m 以上至 10 000 m；

（3）中长隧道：全长 500 m 以上至 3 000 m；

（4）短隧道：全长 500 m 及以下。

此外，隧道按平面布置可分为直线隧道和曲线隧道，按纵断面布置可分为水平隧道和斜坡隧道，等。

3. 按隧道的优势划分

（1）山岭地区可以大大减少展线，缩短线路长度。

（2）减少对植被的破坏，保护生态环境。

（3）减少深挖路堑，避免高架桥和挡土墙。

（4）减少线路受自然因素，如风、沙、雨雪、塌方及冻害等的影响，延长线路使用寿命，减少阻碍行车的事故。

（5）在城市可减少交通占地，形成立体交通；在江河、海峡及港湾地区，可不影响水路通航。

隧道是一种地下工程结构物，通常要修建主体建筑物和附属建筑物。前者包括洞身衬砌和洞门，后者包括通风、照明、防排水和安全设备等。由于地层内结构受力以及地质环境的复杂性，隧道衬砌的结构计算理论和施工方面与地面结构相比有许多不同之处。隧道施工场地空间有限、光线暗、劳动条件差，且隧道的施工与地面建筑物的施工也不同。

8.2.2　隧道工程的设计方法

隧道和其他建筑结构物设计一样，基本要求是安全、经济和适用。由于隧道是地下结构物，设计时要考虑其特殊性，并尽可能使施工容易、可靠，另外还应考虑通风、照明、安全设施与隧道的相互关系以及整个隧道应该易于养护管理。

隧道最主要的特点是较地面结构物更易受地质条件的影响，从计划阶段开始，直到竣工后运营中的养护管理都有影响。所以精确的地质数据就成为设计的前提。不过从目前的地质调查技术水准上看，做到这一点还是很困难的。为了弥补预先所提供数据的不充分、不准确的缺点，就需要在施工中根据实际地质情况做某些局部的变更，必要时甚至可做很大改变。设计中，线形、纵坡及净空断面之间有密切的关系，净空断面还直接受地质条件及施工方法的影响。

隧道的另一特点是受施工方法影响大，如钻爆法开挖能造成围岩的松动、先墙后拱法与先拱后墙法施工衬砌的构造不同等。本节将只对隧道的平面线形、纵坡、引线及断面等进行介绍。

1. 隧道的路线设计

（1）平面线形。

隧道平面是指隧道中心线在水平面上的投影。隧道的平面线形原则上采用直线，避免曲线。如必须设置曲线时，其半径不宜小于不设超高的平面曲线半径，并应符合视距的要求。这里有两点应当引起注意：一是小半径曲线，二是超高。如果采用小半径曲线，会产生视距问题。为确保视距，势必要加宽断面。这样相应地要增加工程费用。断面加宽后施工也变得困难，断面不统一以及它们的相互过渡都给施工增加了难度。设置超高时，也会导致断面的加宽。因为在隧道内一般是禁止超车的，所以只能采用停车视距，根据停车视距可以换算出设置曲线时的不加宽的最小平曲线半径。

曲线隧道即使不加宽，在测量、衬砌、内装、吊顶等工作上也是很复杂的。此外，曲线隧道增加了通风阻抗，对自然通风很不利，从这些方面考虑也希望不设曲线。不过，是否敷设曲线，应该根据隧道洞口部分的地形地质条件及引道的线形等进行综合考虑决定。由隧道及前后引道组成的路段应做到线形平顺、连续、行车安全舒适，并与环境景观协调一致。如果长、大隧道需要利用竖井、斜井通风时，在线形上应考虑便于设置。

顺便指出，单向行驶的长隧道，如果在出口一侧放入大半径曲线，面向驾驶者的出口墙壁亮度是逐渐增加的。尤其是当出口处阳光可以直接射入，以及洞门面向大海等亮度高的场合，有利于驾驶者的"亮适应"。此时曲线反而是设计所希望的，遇到这种情形应当慎重考虑。

（2）纵断线形。

隧道纵断面是隧道中心线展直后在垂直面上的投影，隧道内线路坡度可设置为单面坡（即向隧道一端上坡或下坡）或人字坡（即从隧道中间向洞口两端下坡）两种。

隧道的纵坡以设置为不妨碍排水的缓坡为宜，在变坡点应放入足够的竖曲线。隧道纵坡过大，不论是在汽车的行驶还是在施工及养护管理上都不利，隧道控制坡度的主要因素是通风问题，汽车排出的有害物质随着纵坡的增大而急剧增多。一般把纵坡保持在 2%以下比较好，超过 2%时有害物质的排出量迅速增加，纵坡大于 3%是不可取的。不存在通风问题的隧道，可以按普通道路设置纵坡，对于单向通行的隧道，设计成下坡对通风非常有利。另外，从施工出渣和运进材料上看，大于 2%的坡度是不利的。两端洞口高差是决定自然通风效果的重要因素之一，所以坡度和断面都应适当加大。

从施工中和竣工后的排水需要上考虑，在隧道内不应采用平坡。在施工时，为了使隧道涌水和施工用水能在坑道内的施工排水侧沟中流出，需要 0.3%的坡度。如果预计涌水量相当大，则需采用 0.5%的坡度。竣工后的排水，包括涌水、漏水、清洗隧道用水、消防用水等都要考虑。如果能满足施工排水的需要，那么在用混凝土修建的排水沟中排水是没有问题的，其最小坡度不宜小于 0.2%。在高寒地区，为了减少冬季排水沟产生冻害，应适当加大纵坡，使水流动能增加，这对排水是有利的。采用"人"字坡从两个洞口开挖隧道时，施工涌水容易排出，采用单坡从两个洞口开挖隧道时，处于高位的洞口，涌水不能自然向外流出，这是综合考虑设计时应当注意到的问题。当遇陡坡隧道且涌水量又大时，应考虑减缓坡度。

隧道纵坡对施工作业安全及工程费用有影响，规划时应考虑到这个问题。纵坡变更处应根据视距要求设置竖曲线，其半径和竖曲线的最小长度应符合相应的工程设计标准的规定。为了提高视线的诱导作用，在隧道中只能考虑选择较大的竖曲线长度。

（3）与平行隧道或其他结构物的间距。

两条平行隧道相距很近或隧道接近其他结构物时，需要根据隧道的断面形状、交叉角、施工方法及工期等决定相互间的距离。隧道在已有结构物下面设置时，应考虑由于开挖隧道而引起的基础下沉，以及爆破、地下水变化等的影响。

平行隧道的中心距，如果把地层看作完全弹性体时，约为开挖宽度的 2 倍，而在黏土等软地层中，则为开挖宽度的 5 倍，就可以看作几乎不受影响。不过实际地层并非完全弹性体，相互影响的机制不明确的地方很多，所以准确的中心距并不清楚。另外，决定中心距时，还应对爆破等施工方法的影响加以考虑。

（4）引线。

引线的平面及纵断线形，应当保证有足够的视距和行驶安全。尤其在进口一侧，需要在足够的距离外能够识别隧道洞口。为了使汽车能顺利驶入隧道，驾驶员应提早知道前方有隧道。通常当汽车驶近隧道，但尚有一定距离时，驾驶员若能自然地集中注意力观察到洞口及其附近的情况，并保证有足够的安全视距，对障碍物可以及时察觉，采取适当措施，才能保证行车安全。把开始注视的点称为注视点，从注视点到安全视距点所需时间称为注视时间。从注视点到洞口采用通视线形极为重要。在洞口及其附近设置平面曲线或竖曲线的变更点时，应以不妨碍观察隧道，且保证有足够的注视时间为最低限度。

隧道需要机械通风时，引线的纵坡应使汽车能以均匀速度驶入隧道，洞口前的引线纵坡与隧道纵坡在必要的距离之内应保持一致。如果在洞口前为陡坡时，车速会降低，进入隧道后加速行驶，必然使排气量增加，从而导致通风设备的加大或导致通风量不足。

另外，设计引线时还应考虑到接近洞口的桥梁、路堤等。

（5）隧道横断面设计。

隧道净空是指隧道衬砌的内轮廓线所包围的空间，包括公路建筑限界、通风及其他所需要的断面面积。断面形状和尺寸应根据围岩压力求得最经济值。道路隧道的建筑限界包括车道、路肩、路缘带、人行道等的宽度，以及车道、人行道的净高。道路隧道除包括公路建筑限界以外，还包括通风管道、照明设备、防灾设备、监控设备、运行管理设备等附属设备所需要的足够空间，以及富余量和施工允许误差等，具体见图 8-4。隧道的行车限界指为了保证道路隧道中行车安全，在一定宽度、高度的空间范围内任何对象不得侵入的限界。隧道中的照明、通风设备、信号灯以及运行管理设施都应安装在该限界以外。

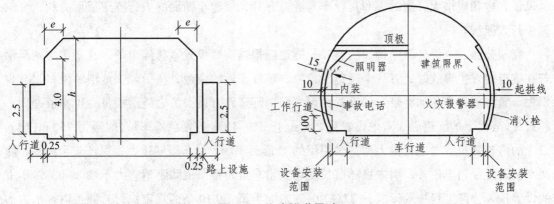

图 8-4　公路隧道界碑

各级公路隧道建筑限界基本宽度规定如表 8-1 所示。表中各栏数值，除检修道外，都采用《公路工程技术标准》（JTG B01—2014）有关条文规定。检修道的宽度是考虑小型检修工具车通行的需要。为了消除或减少隧道边墙给驾驶员带来与之冲撞的心理影响（墙效应），保证一定车速的安全通行，应于行车道两侧设置一定宽度的路缘带、余宽或人行道，以满足侧向净空的需要。

表 8-1　公路隧道建筑界限横断面组成最小宽度　　　　单位：m

公路等级	设计速度/（km/h）	车道宽度	左侧 L_L	右侧 L_R	余宽 C	人行道 R	检修道 J 右侧	检修道 J 左侧	设检修道	设人行道	不设检修道、人行道
高速公路	120	3.75×2	0.75	1.25			0.75	0.75	11.0		
	100	3.75×2	0.50	1.00			0.75	0.75	10.50		
一级公路	80	3.75×2	0.50	0.75			0.75	0.75	10.50		
	60	3.50×2	0.50	0.75			0.75	0.75	9.75		
二级公路	80	3.50×2	0.75	0.75		1.00				11.0	
	60	3.50×2	0.50	0.50		1.00				10.00	
三级公路	40	3.50×2	0.25	0.25		0.75				9.00	
四级公路	30	3.25×2	0.25	0.25	0.25						7.5
	20	3.00×2	0.25	0.25	0.25						7.00

对于一般道路隧道，特别是 1 km 以下的隧道，都考虑通过自行车和行人。人行道的宽度一般不宜小于 0.75 m，以便肩挑背负者使用。在有自行车通行的隧道，人行道宽度不宜小于 1 m，以供自行车下车推行，必要时可设置栏杆，以消除隧道内混合交通的干扰和隐患。城市附近及行人众多的隧道，人行道的宽度应根据需要适当加宽，以保证非机动车及行人不侵占行车道。当行人和自行车非常多的情况下，因修很宽的人行道而加大隧道断面，需要的通风设备也相应增大，这时人和自行车与隧道分开，修建小断面的人行隧道反而有利，专供徒步行人通行。

高速公路、一级公路的特长隧道和长隧道应根据需要设置紧急停车带，这是考虑到车辆若在隧道内发生事故时，有一个应急的抢险、疏导车辆的余地，便于较快地消解阻塞，减少损失。紧急停车带（加宽带）的设置，可参照国际道路常设委员会隧道委员会推荐值办理：超过 2 km 以上的隧道必须考虑设置宽 2.5 m、长 25～40 m 的紧急停车带，间隔为 750 m；1 km 以上的特长隧道宜考虑可供大型车辆使用的 U 形回车场。单车道隧道，为保证安全运输，除两端洞外应设错车道外，洞内视隧道长度设置错车道，错车道间距不宜大于 200 m，错车道的设置按《公路工程技术标准》（JTG B01—2104）第 3.0.10 条的规定执行。隧道内排水边沟设计可结合人行道、检修道或余宽一起考虑。

2. 隧道结构构造

道路隧道结构构造由主体构造物和附属构造物两大类组成。主体构造物是为了保持岩体的稳定和行车安全而修建的人工永久建筑物，通常指洞身衬砌和洞门构造物。洞身衬砌的平、纵、横断面的形状由道路隧道的几何设计确定，衬砌断面的轴线形状和厚度由衬砌计算决定。

在山体坡面有发生崩坍和落石可能时，往往需要接长洞身或修筑明洞。洞门的构造形式由多方面的因素决定，如岩体的稳定性、通风方式、照明状况、地形地貌以及环境条件等。附属构造物是主体构造物以外的其他建筑物，是为了运营管理、维修养护、给水排水、供蓄发电、通风、照明、通信、安全等而修建的构造物。

（1）洞身衬砌。

山岭隧道的衬砌结构形式，主要是根据隧道所处的地质地形条件，考虑其结构受力的合理性、施工方法和施工技术水准等因素来确定的。随着人们对隧道工程实践经验的积累，对围岩压力和衬砌结构所起作用的认识的发展，结构形式发生了很大变化，出现了各种适应不同地质条件的结构类型，大致有下列几类。

① 直墙式衬砌。

这种类型的衬砌适用于地质条件比较好，以垂直围岩压力为主而水平围岩压力较小的情况。

② 曲墙式衬砌。

通常在Ⅲ类以下围岩中，水平压力较大，为了抵抗较大的水平压力把边墙也做成曲线形状。当地基条件较差时，为防止衬砌沉陷，抵御底鼓压力，使衬砌形成环状封闭结构，可以设置仰拱。

③ 喷混凝土衬砌、锚喷衬砌及复合式衬砌。

喷射混凝土是利用高压空气将掺有速凝剂的混凝土混合料通过混凝土喷射机与高压水混合喷射到岩面上迅速凝结而成的，锚喷支护是喷射混凝土、锚杆、钢筋网等结构组合起来的支护形式，可以根据不同围岩的稳定状况，采用锚喷支护中的一种或几种结构的组合。复合式衬砌是指把衬砌分成两层或两层以上，可以是同一种形式、方法和材料制作的，也可以是不同形式、方法和材料制作的，如图 8-5 所示。目前，大都采用内外两层衬砌，按内外衬砌的组合可分为锚喷支护和混凝土衬砌。

（2）洞门。

洞门是隧道两端的外露部分，也是联系洞内衬砌与洞口外路堑的支护结构，其作用是保证洞口边坡的安全和仰坡的稳定，引离地表流水，减少洞口土石方开挖量。洞门也是标志隧道的建筑物，因此，洞门应与隧道规模、使用特性以及周围建筑物、地形条件等相协调。洞门附近的岩（土）体通常都比较破碎松软，易于失稳，形成崩塌。为了保护岩（土）体的稳定和使车辆不受崩塌、落石等威胁，确保行车安全，应该根据实际情况，选择合理的洞门形式。洞门是各类隧道的咽喉，在保障安全的同时，还应适当进行洞门的美化和环境的美化。

道路隧道在照明上有相当高的要求，为了处理好司机在通过隧道时的一系列视觉上的变化，有时考虑在入口一侧设置减光棚等减光构造物，对洞外环境作某些减光处理。这样洞门位置上就不再设置洞门建筑，而是用明洞和减光建筑将衬砌接长，直至减光建筑物的端部，构成新的入口。

洞门还必须具备拦截、汇集、排除地表水的功能，使地表水沿排水管道有序排离洞门，防止地表水沿洞门流入洞内。因此，洞门上方女儿墙应有一定的高度，并有排水沟渠。

当岩（土）体有滚落碎石可能时，一般应接长明洞，减少对仰、边坡的扰动，使洞门墙离开仰坡底部一段距离，确保落石不会滚落在车行道上。

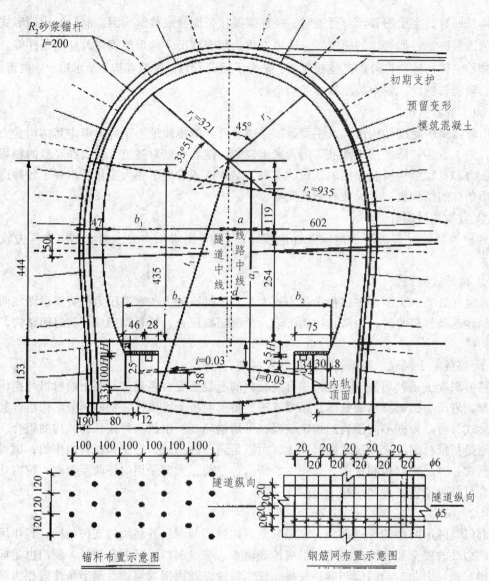

图 8-5　复合式衬砌

由于隧道洞口所处的地形、地质条件不同，隧道常用的洞门形式主要有端墙式、翼墙式、柱式、斜交式、喇叭口式和环框式等。图 8-6 所示为隧道洞门立面和侧面图。

（3）明洞。

当隧道埋深较浅，上覆岩（土）体较薄，难采用暗挖法时，则应采用明挖法来开挖隧道。用这种明挖法修筑的隧道结构，通常称明洞。

明洞具有地面、地下建筑物的双重特点，既作为地面建筑物用以抵御边坡、仰坡的坍方、落石、滑坡、泥石流等危害，又作为地下建筑物用于在深路堑、浅埋地段不适宜暗挖隧道时，取代隧道的作用。另外，它还可以利用在与公路、灌溉渠立交处，以减少建筑物之间的干扰。

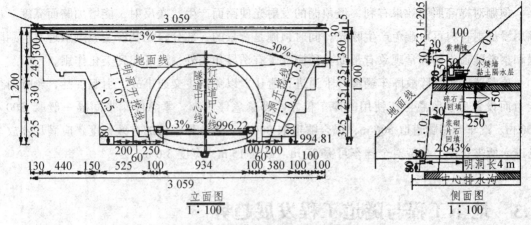

图 8-6　隧道洞门立面和侧面图

明洞净空必须满足隧道建筑限界要求，洞门一般做成直立端墙式洞门。

明洞的结构形式应根据地形、地质、经济、运营安全及施工难易等条件进行选择，采用最多的是拱式明洞和棚式明洞。拱式明洞由拱圈、边墙和仰拱（或铺底）组成，它的内轮廓与隧道相一致，但结构截面的厚度要比隧道大一些。有些傍山隧道，地形的自然横坡比较陡，外侧没有足够的场地设置外墙及基础或确保其稳定，这时可考虑采用另一种建筑物——棚式明洞。棚式明洞常见的结构形式有盖板式、刚架式和悬臂式三种。

（4）附属建筑物。

为了使隧道正常使用，除了上述主体建筑物外，还要修建一些附属建筑物，其中，包括防排水设施、电力、通风以及通信设施等。当然，不同用途的隧道在附属设施上有一定的差异，如铁路隧道需要为保障洞内行人、维修人员及维修设备的安全在两侧边墙上交错均匀修建人员躲避和设备存放的洞室即避车洞。

为了保障行车安全，公路隧道内的环境，如亮度，必须要保持在合适的水平上。因此，需要对墙面和顶棚进行合理的处理，通过内装提高隧道内的环境，增强能见度，吸收噪声（图8-7）。内装材料应当表面光洁，同时要具有吸收噪声的性能，另外，要求材料具有一定的抵抗隧道内污染和腐蚀的性能。

图 8-7　公路隧道内装修

顶棚对提高照明效果有利，经顶棚的发射光使路面产生二次反射，能增加路面亮度。顶棚用漫反射材料可以避免产生眩光。同时顶棚是背景的一部分，尤其在变坡点附近对识别障碍和察觉隧道内的异常现象有帮助。顶棚除了有诱导作用外，还可起到美化作用。

公路隧道为保障故障车辆离开干道进行避让，以免发生交通事故，引起混乱，影响通行能力而设置专供紧急停车使用的停车位置，即紧急停车带。紧急停车带间隔一般取 500～800 m。汽车专用隧道取 500 m，混合隧道取 800 m。紧急停车带的有效长度，应满足停放车辆进入所需长度，一般对全挂车可需 20 m，最低 15 m，宽度 3.0 m。

8.3 地下工程与隧道工程发展趋势

据预测，2050 年世界人口将达到 85 亿，其中 45 亿人口将生活在城市内。到 2050 年，世界将有 500 多个百万以上人口的大城市，其中 26 个城市将达到 1 000 万。首次出现居住在城市的人口比居住在乡村的人口还多。城市人口、地域规模、城市的生存环境和 21 世纪城市可持续发展的战略是当今世界的最热门的话题。

城市是现代文明的标志和社会进步的标志，是经济和社会发展的主要载体。伴随我国城市化的加快，城市建设快速发展，城市规模不断扩大，城市人口急剧膨胀，许多城市不同程度地出现了用地紧张、生存空间拥挤、交通堵塞、基础设施落后、生态平衡、环境恶化等问题，被称之为"城市病"，给人类居住条件带来了很大的影响，也制约了经济和社会的进一步发展，成为现代城市可持续发展的障碍。如何治理"城市病"，提高居民的生活质量，达到经济与社会、环境的协调发展，成为待解决的重要社会课题。

改革开放以后，中国经济高速发展，促进了城市化水平的迅速提高，从 1989 年的不到 20%，提高到 2000 年的 35.75%，2020 年将达到 50%。城市化水平提高表现在城市数量的增加，规模的扩大。根据预测，到 2020 年，中国城市数量将从目前的 840 个增加到 1 320 个，城镇人口相应在 4.5 亿～6.3 亿。又根据气象卫星遥感数据判断和预测，1986—1996 年的 10 年间，全国 31 个特大城市实际占地规模扩大了 50.2%。根据国家土地管理局检测资料分析，已建城区扩展都在 60% 以上，其中有的城市成倍数增长。其结果是占用了大量的耕地。我国人多地少，人均耕地占有面积只有世界平均水平的 1/4，城市不能无限制地蔓延扩张，只能着眼于走内涵式集约发展道路，城市地下空间作为一种新型的国土资源，适时地、有序地对其加以开发利用，使有限的城市土地发挥更大的效用，这是必然的趋势。

围绕着隧道及地下工程建设所形成的产业规模巨大，前景诱人。铁路和公路大建设的高潮已经到来，如 2020 年我国大陆铁路干线将达到 10 万千米，从现在起每年平均应新筑铁路干线 2 000 km，而且有半数分布在中西部重丘和高山地区，按照以往的隧道含量比例统计计算，平均每年应建隧道在 300 km 以上。国家公路建设也一直保持着较高的速度，这些年来平均新建等级公路为 50 000 km，其中建成公路隧道每年也在 150 km 上下。这个速度近期内不会减弱。城市轨道交通发展迅速，我国已有和正在修筑轨道交通的大城市近 10 个，正在规划和设计轨道交通的大城市有 7 个，在未来 15 年内有修建城轨交通愿望和打算的城市则更多，初步估计到 2020 年，我国城市轨道交通里程将会在 2 500～3 000 km，其中半数以上为地铁。正在不断推进和已部分实施的"南水北调"工程将会开创隧道及地下工程建设史上的新篇章，规划中的西线方案可能会有多条数十千米长的输水隧洞以及出现单座上百千米长的输水隧洞，加上其他水利电力开发、输送和储存油气、煤炭和矿山开采及市政工程，隧道及地下工程的规模非常可观，堪称世界第一。由此可见，我国快速持久的经济发展将会给隧道及地下工程建设事业带来空前的发展机遇。

但是，我们也应该看到发展中所存在的问题和不足，尤其是在隧道及地下工程技术的运用程度和建设管理水平上与先进国家相比，还有较大的差距。譬如：工程决策缺乏长期的和全面的考虑，缺少环境保护和工程经济的合理比较；产业化程度低，施工机具、设备和建筑材料品种稀少、质量低劣；大型施工专用设备如盾构机、TBM 掘进机、液压凿岩台车及其关键配件等仍依赖于从国外进口；建设管理十分落后，表现为工程质量水平不高、质量稳定性差、施工安全没有保证、人身伤害事故率高；施工队伍专业化水平低，尤其施工现场上较高素质的管理技术人才奇缺，施工机械化水平、信息化水平普遍较低。这些与国家快速发展的经济形势对隧道及地下工程建设的需求是不相适应的。

思 考 题

1. 简述地下工程和隧道工程的分类。
2. 简述隧道工程的几何要点。
3. 隧道结构由哪些部分组成？
4. 通过查阅文献，论述地下和隧道工程的发展趋势。

课后阅读

中国二炮地下工程挖出惊天秘密

1968 年 5 月，河北省满城县西南 1.5 km 处的陵山，解放军某部奉上级的命令，正在这里进行一项绝对保密的国防工程。谁也没有想到就是这次施工，无意间揭开了一个千古之谜。5 月 23 日，当战士们在距离山顶 30 m、一个朝东的地带打眼放炮（图 8-8）时，一件意想不到的事情发生了。

爆炸声过后，并没有像往常一样崩下来多少石头。一名走在前面的战士，双脚突然失去了支撑，身体随着碎石渣猛然沉了下去。等他完全反应过来时，一个漆黑的洞口出现在他的眼前……施工部队的王团长回忆："当时，放下一个人去看了看，看了以后也不知道是什么，洞很大。"

图 8-8　现场图片

　　几天以后，一份标有"绝密"字样的报告和洞中出土的部分器物就出现在河北省主要领导的办公桌上。报告里说满城发现了一座古墓。郑绍宗，河北省文物研究所研究员，是最先到达满城古墓现场的两位专家之一。郑绍宗说："当时我们就是半信半疑，觉得没有这么大的墓。挖这么多墓，也没有那么大。感觉到非常神秘，就好像进入另外一个世界似的。"

　　从陆续出土的文物（图 8-9）中，人们发现许多铜器都刻有"中山内府"字样的铭文。历史学者周长山说："中山指的是中山国，历史上曾经出现过两个中山国，一个是春秋战国时代的鲜虞中山国，另一个是西汉时期的中山国。"郑绍宗说："战国时期的中山国的文字是属于金文的，而铜盆上的这种文字接近汉隶了，另外，从墓里出土的铜器，也和战国中山国的出土文物完全不一样，属于西汉风格，所以我们确定这座墓是西汉时期的中山，而不是战国时期的中山。"

图 8-9　出土文物

　　后来，考古工作者把这座墓室起名为"满城汉墓1号墓"。随着勘查清理工作的逐步深入，1号墓的整体形制也渐渐清晰。墓室由墓道、甬道、南耳室、北耳室、中室和后室六部分组成。如果俯瞰整座墓室，犹如一个"古"字。秦汉以前，墓葬形制一般采用模仿地上建筑的模式。这样设计是为了把生前的一切都象征性地搬入地下，叫作事死如事生。到了汉代，根据墓主人身份的不同，墓室分别采用宫殿或者房屋的建筑样式。

　　1号墓内的布局就像是一座汉代诸侯王宫殿（图 8-10）。汉朝皇帝死后往往用夯士的形式，把陵墓筑成巨大的坟丘，这种墓葬形式就是土坑墓。而满城汉墓1号墓的墓室是依山开凿的巨大洞穴，考古学家把这种墓室称为崖墓。西汉的 11 个皇帝当中，只有汉文帝的"霸陵"是崖墓。汉文帝的霸陵至今没有发掘。满城汉墓使人们第一次看到了崖墓里的墓室结构。在西汉，只有诸侯王的地位仅次于皇帝，在中山国境内，当然就是中山王。中山国作为诸侯国存在了 150 多年，共有 10 位王执政。虽然初步认定这是西汉一位中山王的墓葬，但究竟会是 10 位王中的哪一个呢？

图 8-10　墓葬发掘

1968 年 6 月 15 日，周恩来总理把满城发现汉墓的消息告诉了时任中科院院长的郭沫若，并让他负责满城汉墓的发掘工作。1968 年 6 月 27 日，由中国科学院考古研究所、河北省文物考古所和解放军工程兵组成的联合考古发掘队正式开始了对汉墓的发掘清理。在岩石中开凿如此巨大的墓室，即使用现代化的施工方法，100 个人也得需要一年才能完成。以当时的国力来推算，开凿这样的墓室人数最少也在万人以上，用数十年的时间才能完成。

1968 年 8 月 19 日，中国社会科学院考古研究所和河北省文物工作队在河北省满城县完成西汉中山靖王刘胜墓及王后窦绾墓的发掘工作。其墓穴开凿于山岩之中，为规模宏大的崖洞墓，墓室宛如一座豪华宫殿。刘胜墓全长 51.7 m，窦绾墓全长 49.7 m。两墓形制和结构相似，均分为墓道、甬道、南耳室、北耳室、中室和后室 6 部分，整个墓室完全是模拟墓主生前所居宫室，见图 8-11。

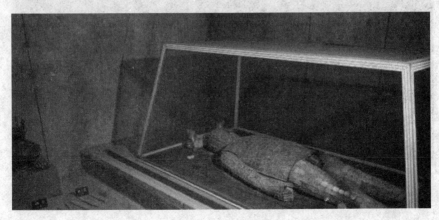

图 8-11　墓主居室

墓内出土大量珍贵文物，尤以"金缕玉衣""错金博山炉"闻名海内外。刘胜和窦绾均以

"金缕玉衣"作为殓服。刘胜的玉衣由 2 498 片玉片组成，所用金丝约 1 100 g。窦绾的玉衣由 2 160 片玉片组成，所用金丝约 700 g。两墓共出土文物 4 200 余件，有铜器、铁器、金银器、玉器、漆器、陶器、丝织品和大型真车马、小型偶车马及五铢钱等，见图 8-12。

图 8-12　出土文物

其中最为精美的是铜器，如鎏金银镶嵌乳钉纹壶、鎏金银蟠龙纹壶、错金银鸟篆文壶、错金博山炉、鎏金"长信宫"灯、错金嵌绿松石朱雀衔环杯等，见图 8-13，均属汉代青铜工艺之精华。在铁器中，有低碳钢、中碳钢、"百炼钢"制品和固体脱碳钢制器。另外还出土了用于针灸的金、银医针和用于计时的铜漏壶等。这两座墓规模巨大、保存完整、年代明确，并首次出土了完整的"金缕玉衣"，不仅对研究汉代诸侯王贵族的丧葬制度有着重要价值，而且为研究汉代的冶炼、铸造、制玉、漆器、纺织等手工业和工艺美术发展情况提供了重要资料。

图 8-13　出土文物

第9章　给排水工程

9.1　建筑给水工程

9.1.1　建筑给水系统的分类和组成

建筑给水系统是将室外给水（市政给水、社区给水）的给水管网（或自备水源，如蓄水池）中的水引入到建筑群体或者一幢建筑物中，再输送到给水管网端头供人们生活、生产和消防使用，以满足建筑内部的生活、生产和消防需求。

1. 给水系统的分类

建筑内部给水方式根据供水的用途，基本可以分为三种类型。

（1）生活给水系统。

生活给水系统是指供家庭、机关、学校、部队、旅馆等居住建筑、公共建筑和工业建筑中饮用、烹调、洗涤、沐浴及冲洗等的生活用水。除水压、水量应满足需要外，生活给水水质必须严格符合国家规定的饮用水水质的标准。生活给水系统划分为生活饮用水系统和生活杂用水系统（中水系统）。

（2）生产给水系统。

生产给水系统是指供工业生产中所需要的设备冷却水、原料和产品的洗涤水、锅炉及原料等的用水。由于工业种类、生产工艺各异，因而生产给水系统对水量、水压、水质及安全方面的要求也不尽相同。生产给水系统划分为循环给水消防给水系统、重复利用给水系统。

（3）消防给水系统。

消防给水系统是指供建筑内部消防设备用水，设置在多层或高层的工业民用建筑内，供应消防用水的给水系统。消防给水对水质的要求不高，但必须保证有足够的水压和水量，符合现行《建筑设计防火规范》（GB 50016—2014）的规定。消防给水系统划分为消火栓灭火系统和自动喷水灭火系统。

上述三种给水系统可以独立设置，也可根据建筑性质及其对水量、水压、水质和水温的要求，结合室外给水系统情况，考虑技术、经济和安全条件设置两种或三种合并的给水系统，如生活和生产共用给水系统，生活和消防共用的给水系统，生产和消防共用的给水系统，生活、生产和消防共用的给水系统。

2. 给水系统的组成

建筑给水系统一般由引入管、水表节点、管道系统、给水附件、升压和储水设备、消防设备等组成，如图9-1所示。

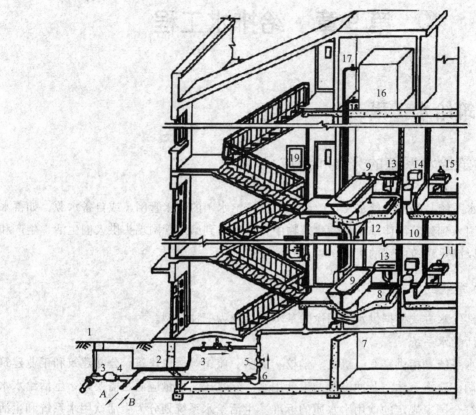

图9-1　建筑给水系统

1—阀门井；2—引入管；3—闸阀；4—水表；5—水泵；6—止回阀；7—丁管；8—支管；
9—浴盆；10—立管；11—水龙头；12—淋浴器；13—洗脸盆；14—大便器；
15—洗涤盆；16—水箱；17—进水管；18—出水管；
19—消火栓；A—排入贮水池；B—来自贮水池

（1）引入管。

引入管是室外给水管道与建筑内部给水管网之间的连接管段。当用户为一幢单独建筑物时，引入管也称进户管；当用户为工厂、学校等建筑群体时，引入管是指总进水管。

（2）水表节点。

水表节点安装在引入管或分户的支管上，用来计量用户的用水量。水表及其前后设置的闸门、泄水装置等总称为水表节点。闸门在检修和拆换水表时用以关闭管道；泄水装置主要用来放空管网、检测水表精度及测定进户点压力值。

（3）管道系统。

管道系统是指建筑内部的各种管道，最终达到配水点，如水平或垂直干管、立管、横支管等。

（4）给水附件。

为了便于取用、调节和检修，给水管路上设有控制附件和配水附件，用以调节水量、水压、控制水流方向及取水，包括各式阀门及各式配水龙头、仪表等。

（5）加压和储水设备。

当室外给水管网中的水压、水量不能满足用水要求时，或者用户对水压稳定性、供水安全性有要求时，须设置加压和储水设备，常见的有水泵、水箱、水池和气压水罐等。

（6）建筑内消防设备。

建筑内部消防给水设备常见的是消火栓消防设备，包括消火栓、水枪和水龙带等。当消防上有特殊要求时，还应该安装自动喷洒灭火设备，包括喷头、控制阀等。

9.1.2　给水方式

1. 基本给水方式

给水方式是建筑内给水系统的具体组成与具体布置的实施方案。给水方式应根据室外管网水压、水量、建筑物的高度、使用要求、经济条件等因素来确定。建筑内部的给水方式主要有如下几种：

（1）直接给水方式。

当室外管网的水压、水量在一天的时间内均能满足室内用水的需要，建筑内部给水无特殊要求时，采用直接给水方式。该方式将建筑内部给水系统与室外给水管网直接相连，利用室外管网的水压直接供水，如图 9-2 所示。这种方式安装维护较可靠，系统简单，投资少，并可以充分利用室外管网的压力，节约能源。但系统内部无贮备水量，室外管网停水时室内立即断水。

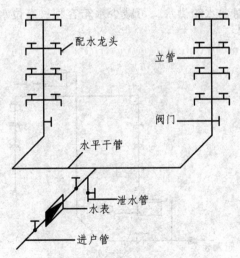

图 9-2　直接给水方式

（2）单设水箱给水方式。

当一天内室外管网大部分时间内能满足建筑内用水要求，仅在用水高峰时，由于水量增加使得室外管网压力降低而不能保证建筑物上层用水时，采用单设水箱给水方式，如图9-3 所示。该方式将建筑内部给水系统与室外给水管网直接连接，并利用室外管网压力供水，同时设高位水箱调节流量和压力。这种方式系统简单，投资少，可以充分利用室外管网的压力，节省能源；由于屋顶设置水箱，供水可靠性比直接供水方式要好。但设置水箱会增加结构负荷。

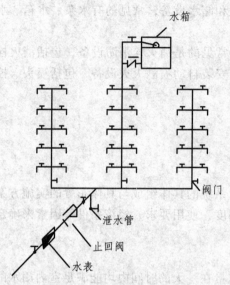

图 9-3　单设水箱给水方式

（3）设置水泵和水箱的给水方式。

当室外管网的水压经常不足、室内用水不均匀，且室外管网允许直接抽水时，可采用这种方式，如图 9-4 所示。这种方式是一种在变频器未普及时的传统供水方式，可延时供水，且水量稳定；同时，能及时向水箱供水，可减少水箱容积；高位水箱可起到调节作用，水泵水压稳定，能在高效区运行。

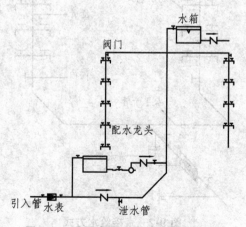

图 9-4　设置水泵和水箱的给水方式

（4）设气压给水装置的给水方式。

当室外给水管网压力低于或经常不能满足室内所需水压、室内用水不均匀，且不宜设置

166

高位水箱时可采用此方式。该方式即在给水系统中设置气压给水设备，利用该设备气压水罐内气体的可压缩性，形成所需的调节容积，协同水泵增压供水，如图9-5所示。气压水罐的作用相当于高位水箱，但其位置可根据需要较灵活地设置在高处或低处。

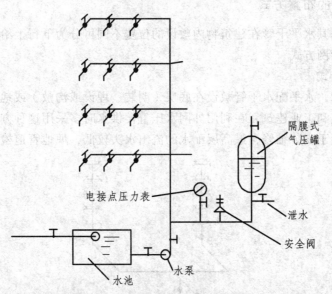

图9-5　设气压给水装置的给水方式

（5）设变频调速给水装置的给水方式。

如图9-6所示，当室外供水管网水压经常不足，建筑内水用量较大且不均匀，要求可靠性高、水压恒定时，或者建筑物顶部不宜设高位水箱时，可以采用变频调速给水装置进行供水。这种供水方式可省去屋顶水箱，水泵效果好，但一次性投资较大。

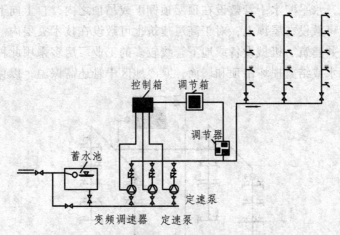

图9-6　设变频调速给水装置的给水方式

（6）分区给水方式。

当建筑物高度较高时，室外给水管网的压力只能满足建筑下部若干层的供水要求，不能满足上层需求，为了节约能源，有效地利用外网的水压，常将建筑物下层和上层分开供水，低区设置成由室外给水管网直接供水，高区由增压贮水设备供水。为保证供水的可靠性，可

167

将低区与高区的一根或几根立管相连接，在分区处设置阀门，以备低区进水管发生故障或外网水压不足时，打开阀门由高区向低区供水。

2. 给水管网的布置方式

给水系统根据其水平干管在建筑物内敷设的位置不同可分为下行上给式、上行下给式和环状供水式三种管网方式。

（1）下行上给式。

如图 9-7 所示，水平配水干管敷设在底层（明装、埋设或沟敷）或地下室天花板下。居住建筑、公共建筑和工业建筑，在利用外网水压直接供水时多采用这种方式。下行上给式图式简单，明装时便于安装维修，最高层配水的流出水头较低，埋地管道检修不便。

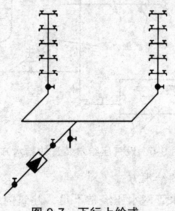

图 9-7　下行上给式

（2）上行下给式。

如图 9-8 所示，水平配水干管敷设在顶层顶棚下或吊顶之内，自上向下供水。对于非冰冻地区，水平干管可敷设在屋顶上；对于高层建筑也可敷设在技术夹层内。一般设有高位水箱的居住建筑、公共建筑、机械设备或地下管线较多的工业厂房多采用此种方式。其缺点是配水干管可能因漏水或结露损坏吊顶和墙面；寒冷地区干管还需保温，以免结冻。

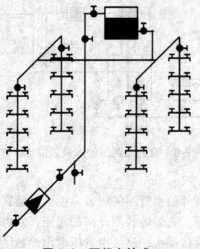

图 9-8　下行上给式

（3）环状式。

如图 9-9 所示，水平配水干管或配水立管敷设在中间技术层内或某中间层吊顶内，向上下两个方向供水，形成水平干管环状或立管环状。在有两个引入管时，也可将两个引入管通过配水立管和水平配水干管相连通，组成贯穿环状。一般屋顶用作露天茶座、舞厅或设有中间技术层的高层建筑多采用这种方式。其缺点是需设技术层或增加某中间层的层高，管网造价较高。

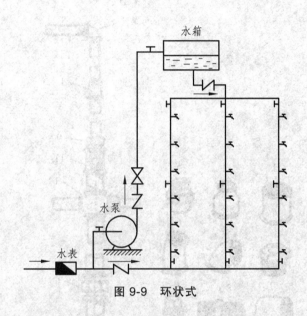

图 9-9　环状式

9.1.3　给水管材及附件

1. 常用给水管材

建筑给水管材种类繁多，根据材质不同大致可分为三种：金属管、塑料管及复合管。金属管包括镀锌钢管、不锈钢管、铜管、有衬里的铸铁管等；塑料管包括硬聚氯乙烯管（PVC-U）、聚乙烯管（PE）、交联聚乙烯管（PEX）、聚丙烯管（PP）、聚丁烯管（PB）等；复合管包括铝塑复合管、涂塑钢管、钢塑复合管等。其中聚乙烯管、聚丙烯管、铝塑复合管为目前建筑排水推荐使用的管材，还有一些新型管材如球墨铸铁管、石棉水泥管、预应力钢管混凝土管、玻璃纤维复合管等。

（1）钢管。

目前，建筑给水系统使用的钢管有两种：一种是不镀锌钢管，一种是镀锌钢管。不镀锌钢管主要用于消防管道和生产给水管道；镀锌钢管主要用于管径小于等于 150 mm 的消防管道和生产给水管道。

钢管具有强度高、接口方便、承受内压力大、内表面光滑、水力条件好等优点，但抗腐蚀性差、造价较高。

不镀锌钢管的连接方法有焊接和法兰连接；镀锌钢管连接方法有螺纹连接和法兰连接。螺纹连接是利用各种管件将管道连接在一起，常用的管件有管箍、三通、四通、弯头、活接头补心、内接头（对丝）、锁紧螺母（根母）、堵头等，其形式及应用如图9-10所示。

　　法兰连接一般用于直径较大（50 mm以上）的管道与阀门、水泵、止回阀、水表等的连接。连接前先将法兰焊接或用螺纹连接在管端，再用螺栓连接起来。焊接的优点是接头紧密、不漏水、施工迅速、不需配件；缺点是不能拆卸。

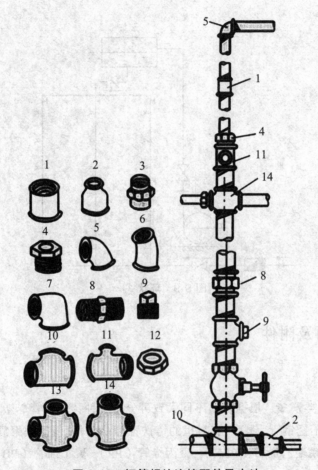

图9-10　钢管螺纹连接配件及方法

1—管箍；2—异径管箍；3—活接头；4—补心；5—90°弯头；6—45°弯头；7—异径弯头；8—外螺丝；
9—堵头；10—等径三通；11—异径三通；12—根母；13—等径四通；14—异径四通

　　（2）给水铸铁管。

　　给水铸铁管在城市给水管道工程中应用广泛，有低压管、普压管和高压管三种，工作压力分别为不大于0.45 MPa、0.75 MPa和1 MPa。当管内压力不超过0.75 MPa时，宜采用普压给水铸铁管；超过0.75 MPa时，采用高压给水铸铁管。铸铁管具有耐腐蚀、接桩方便、寿命长、价格低等优点，但性脆、质量大、不耐振动和弯转、工作压力较低、接口易漏水、易出现水管断裂和爆管现象。铸铁管一般应作水泥砂浆衬里。管道宜采用橡胶圈柔性接口（DN

≤300 mm 宜采用推入式梯唇形胶圈接口，DN > 300 mm 宜采用推入式楔形胶圈接口）。给水铸铁管一般用于埋地管道。

给水铸铁管的连接方式有承插连接和法兰连接。承插连接有石棉水泥接口、铅接口、沥青水泥接口、膨胀性填料接口、水泥砂浆接口等。

（3）塑料管。

建筑生活给水常用的塑料管材主要有给水硬聚氯乙烯管（PVC-U）、聚丙烯管（PP-R）、交联聚乙烯管（PEX）、氯化聚氯乙烯管（PVC-C）、聚乙烯管（PE）等。塑料管材耐腐蚀，不受酸、碱、盐和油类等介质的侵蚀，质轻而坚，管壁光滑，水利性能好，容易切割，加工安装方便，并可制成各种颜色，但强度低，耐久、耐热性能（PP-R、PEX 管除外）较差，一般用于温度在 45 ℃ 以下的建筑物内外的给水。

① 硬聚氯乙烯给水管（PVC-U），如图 9-11 所示。PVC-U 适用于系统的工作压力不大于 0.6 MPa、工作温度不大于 45 ℃ 的给水系统。管道连接宜采用承插黏结，也可采用橡胶密封圈连接（采用这种连接时不能采用嵌墙敷设方式）。管道与金属管件螺纹连接时，应采用注射成型的外螺纹管件。管道与金属管材管道和附件为法兰连接时，宜采用注射成型带承口法兰外套金属法兰片连接。管道与给水栓连接部位应采用塑料增强件、镶嵌金属或耐腐蚀金属管件。

图 9-11　硬聚氯乙烯给水管（PVC-U）

② 无规共聚聚丙烯管（PP-R），如图 9-12 所示。PP-R 管适用于系统的工作压力不大于 0.6 MPa、工作温度不大于 70 ℃ 的给水及热水系统。明敷和非直埋管道宜采用热熔连接，与金属管或用水器连接，应采用螺纹或法兰连接（需采用专用的过渡管件或过渡接头）。直埋、暗敷在墙体及地坪层内的管道应采用热熔连接，不得采用螺纹、法兰连接。当管道外径大于等于 75 mm 时，采用热熔、电熔、法兰连接。PP-R 管不能用于室外。

图 9-12　无规共聚聚丙烯管（PP-R）

③ 氯化聚氯乙烯管（PVC-C），如图 9-13 所示。多层建筑可采用 S6.3 系列 PVC-C 管，高层建筑可采用 S5 系列（但高层建筑主干管和泵房内不宜采用）。室外管道压力不大于 1.0 MPa 时，可采用 S6.3 系列；当大于 1.0 MPa 时，应采用 S5 系列。管道采用承插黏结。与其他种类的管材、金属阀门、设备装置的连接，采用专用嵌螺纹的或带法兰的过渡连接配件。螺纹连接专用过渡件的管径不宜大于 63 mm；严禁在管子上套螺纹。

图 9-13　氯化聚氯乙烯管（PVC-C）

④ 交联聚乙烯管（PE-X），如图 9-14 所示。管外径小于 25 mm 时，管道与管件宜采用卡箍式连接；大于等于 32 mm 时，宜采用卡套式连接。管道与其他管道附件、阀门等连接，应采用专用的外螺纹卡箍或卡套式连接件。管道配水点，应采用耐腐蚀金属材料制作的内螺纹配件，且应与墙体固定。管件使用温度与允许工作压力请参见相关规范。

图 9-14　交联聚乙烯管（PE-X）

⑤ 聚氯乙烯管（PE），如图 9-15 所示。适用于温度不超过 40 ℃、一般用途的压力输水，以及饮用水的输送。PE 管的连接采用热熔连接或电熔连接方式。

图 9-15　聚氯乙烯管（PE）

2. 给水附件

给水附件指配水、控制及调节水量、压力等设备，一般分为配水附件和控制附件两种。

（1）配水附件。

给水附件中的配水附件多指水龙头，也叫做"水嘴"，其主要作用就是调节水流大小，不仅方便了人们使用，而且还有一定的节水功效。现代水龙头多种多样，类型齐全，卫浴洁具厂家根据人们不同的需求开发出了不同类型的水龙头。按照不同的标准，水龙头有不同的分类方法。

① 按水龙头材质分类。

目前，制造水龙头的材质并不单一，在日常生活中最常见的就是不锈钢水龙头、全铜水龙头、塑料水龙头，另外还有一些不常见的水龙头如铸铁水龙头、锌合金水龙头以及高端的高分子复合材料水龙头。

② 按水龙头阀芯分类。

对于一款现代水龙头来说，阀芯是最关键的部件，它之于水龙头的作用就相当于心脏之于人类的作用一样。水龙头阀芯质量的好坏直接决定着水龙头的使用寿命。目前，市场上的水龙头阀芯主要有陶瓷阀芯、橡胶阀芯和不锈钢阀芯等几种。

③ 按水龙头开启方式分类。

老式的水龙头都是采用螺旋式开启，可是由于螺旋式开启要旋转很多圈才能开启，比较麻烦，因此后来又慢慢地设计出了扳手式水龙头、抬启式水龙头和现代最新式的感应水龙头。特别是目前最新式的感应水龙头，使用非常方便，而且节水效果也比较明显。

④ 按水龙头结构分类。

目前，水龙头的主体结构主要可以分为单联式、双联式和三联式等几种；若是按照开启手柄分类，还可以将水龙头分为单手柄和双手柄水龙头。所谓单联水龙头，就是只能接一根水管，而双联水龙头却可以同时接冷热水管，目前最常用的就是双联水龙头。

⑤ 按水龙头功能分类。

按水龙头的功能分类，主要是按照水龙头的使用位置来划分的，如面盆水龙头、水槽水龙头、淋浴水龙头、浴缸水龙头等。目前，市面上还有一种销售比较火爆电热水龙头（即热式水龙头），这种水龙头的出现为很多高层楼房中水压不足的家庭带来了福音。

（2）控制附件。

控制附件是用以调水量或水压、关断水流、改变水流方向等的各式阀门。安装阀门的位置，一是在管线分支处，二是在较长的管线上，三是穿越障碍物时。

① 截止阀，如图9-16。截止阀适用压力、温度范围很大，一般用于中、小口径的管道。此阀关闭严密，水流阻力大，常用于需调节水量、水压的管道中。在水流需双向流动的管段上不得使用截止阀。该阀体积较大，使用在管径≤50 mm的管道上。

② 闸阀，如图9-17。闸阀又叫闸板或阀门，阀体内有一闸板与介质的流动方向垂直，调节闸板的高度，可以调节流体的流量。闸阀是常用的截断阀之一，主要用来接通或截断管路中的介质，不适

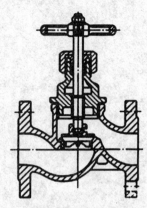

图9-16　截止阀

用于调节介质流量。闸阀的优点是阻力小、关闭严密、无水锤现象。它也有一定的调节功能，但部分开启时，闸板易受流体浸湿，流体流动时会引起闸板颤动，密封面易磨损。闸阀的缺点是结构复杂，价格较贵、不易修理，阀座槽中易沉积固体物质而关不严。

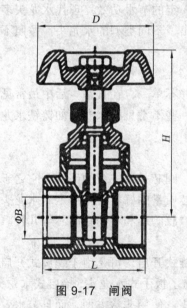

图9-17　闸阀

闸阀适用于压力、温度及口径范围很大，尤其适用于中、大口径的管道。当管径在70 mm以上时采用此阀。闸阀具有流体阻力小、开闭所需外力较小、介质流向不受限制等优点，在要求水流阻力小的部分宜采用闸阀。

③ 蝶阀，如图9-18所示。阀板绕固定轴翻转，起调节、节流和关闭作用。它操作扭矩小，启闭方便，体积较小，适用于管径在70 mm以上或双向流动的管道上。按连接方式不同分为对夹式和法兰式。

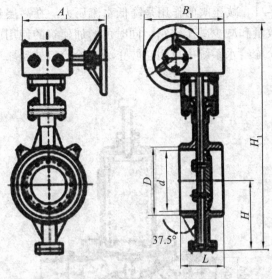

图 9-18 蝶阀

④ 止回阀，如图 9-19 所示。止回阀用以阻止水流反向流动。根据启闭件动作方式的不同，止回阀可细分为以下四种类型：旋启式止回阀、升降式止回阀、消声止回阀、梭式止回阀。

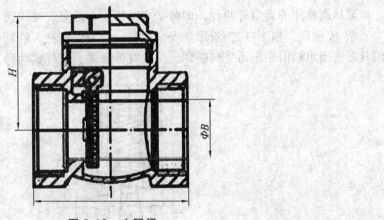

图 9-19 止回阀

⑤ 浮球阀，如图 9-20 所示。浮球阀是一种用以自动控制水箱、水池水位的阀门，防止溢流浪费。其缺点是体积较大，阀芯宜卡住引起关闭不严而溢水。

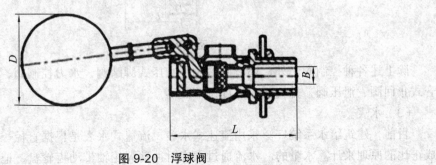

图 9-20 浮球阀

⑥ 减压阀，如图 9-21。减压阀的作用是降低水流压力。在高层建筑中使用它，可以简化给水系统，减少水泵数量和减少减压水箱，同时可增加建筑的使用面积，降低投资，防止水质的二次污染。在消火栓给水系统中可用它防止消火栓栓口处超压现象。因此，它的使用已越来越广泛。

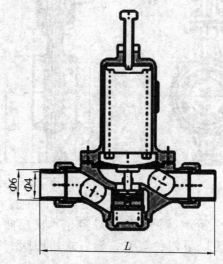

图 9-21　减压阀

减压阀常用的类型有两种，即弹簧式减压阀和活塞式减压阀（也称比例式减压阀）。

⑦ 安全阀，如图 9-22 所示。安全阀是一种安保器材。管网中安装此阀可以避免管网、用具或密闭水箱因超压而受到破坏。一般有弹簧式、杠杆式两种。

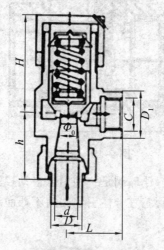

图 9-22　安全阀

除上述各种控制阀之外，还有脚踏阀、减压式脚踏阀、水力控制阀、弹性座封闸阀、静音式止回阀、泄压阀、排气阀、温度调节阀等。

（3）水表。

目前，建筑给水系统广泛采用流速式水表。流速式水表是根据直径一定时，流量与流速成正比的原理来计算水量的。水流通过水表时冲动翼轮轴带动齿轮盘，记录流过的水量。

根据工作原理可以将水表分为流速式水表和容积式水表两类，容积式水表要求通过的水质良好、精密度高，但结构复杂，我国很少采用。在建筑给水系统中，我国普遍采用流速式水表。

这种水表是根据管径一定时，水流通过水表的流速与流量成正比的原理来测量的。它主要由外壳、翼轮和传动机构等部分组成。等水流通过水时，推动翼轮旋转，翼轮转轴传动一系列联动齿轮，指示针显示到度盘刻度上，便可读出流量的累计值。

流速式水表按翼轮构造不同分为旋翼式和螺翼式。旋翼式的翼轮转轴与水平方向平行，如图 9-23 所示，它的阻力较大，多为小口径水表，宜用于测量小的流量；螺翼式的翼轮转轴与水流方向平行，如图 9-24 所示，它的阻力较小，多为大口径水表，宜用于测量较大的流量。

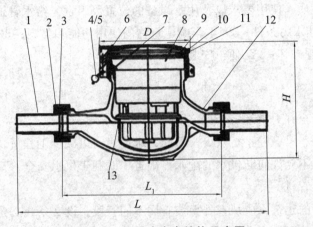

图 9-23　旋翼式水表结构示意图

1—接管；2—连接螺母；3—接管密封垫圈；4—铅封；5—铜丝；6—销子；7—O 形密封垫圈；8—叶轮计量机构；
9—罩子；10—盖子；11—罩子衬垫；12—表壳；13—碗状滤丝网

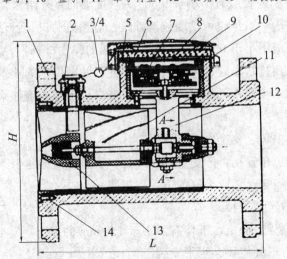

图 9-24　可拆卸水平螺翼式水表结构示意图

1—表壳；2—垫圈；3，4—螺栓；5—铅衬；6—铅封线；7—调整器罩；8—调整器罩垫片；
9—螺钉；10—铅封螺钉；11—罩子组件；12—计量机构；13—计数器；
14—罩子衬垫；15—法兰垫圈；16—法兰

流速式水表按技术机件所处状态不同分为干式和湿式两种。干式水表的计数机件用金属圆盘降水隔开，其构造复杂一些；湿式水表的技术机件浸在水中，在技术盘上装有一块厚玻璃（或钢化玻璃）用以承受水压，它机件简单、计量准确，不易漏水。但如果水质浊度高，将降低水表精度，产生磨损，缩短水表寿命，宜用于水中不含杂质的管道上。

水表还可按照水流方向分为立式和水平式两种。

9.1.4 给水管道的布置与敷设

根据建筑物的性质、使用要求以及用水设备的位置等因素，给水管道布置与敷设的基本要求有：① 满足最佳水力条件；② 不影响建筑物的使用功能和美观；③ 保证生产及使用安全；④ 保证管道不受破坏；⑤ 便于安装维修。

1. 管道布置

（1）确保供水安全并力求经济合理。

管道尽可能沿墙、梁、柱平行敷设。管路力求简短，以减少工程量，降低造价。干管应布置在用水量大或者不允许间断供水的配水点附近，既利于供水安全，又可减少流程中不合理的传输流量，节省管材。

不允许间断供水的建筑，应从室外换装管网不同管段，设 2 条或 2 条以上引入管，在室内将管道连成换装或贯通状双向供水。若必须同侧引入时，两条引入管的间距不得小于 15 m，并在两条引入管之间的室外给水管上安装阀门。生活给水引入管与污水排出管的管外壁的水平净距不宜小于 1.0 m；引入管应有不小于 0.003 的坡度坡向室外给水管网或阀门井、水表井；引入管的拐弯处应设支墩；当穿越承重墙或基础时，应预留洞口，管顶上部净空高度不得小于建筑物的沉降量，一般不小于 0.1 m，并充填不透明的弹性材料。

室内给水管网宜采用枝状布置，单向供水。不允许间断供水的建筑和设备，应采用换装管网或贯通枝状双向供水（若不可能时，应采取设置高位水箱或增加第二水源等保证安全供水的措施）。

（2）保护管道不受损坏、安全供水。

给水埋地管道应避免布置在可能受重物压坏处。管道不得穿越生产设备基础，也不宜穿过伸缩缝、沉降缝。若需穿过，应采取如下保护措施：

① 在墙体两侧采取柔性连接。

② 在管道或保温层外表面上、下留有不小于 150 mm 的净空。

③ 在穿墙处做成方形补偿器，水平安装。

④ 管道不允许布置在烟道、风道和排水沟内，不允许穿过大、小便槽。

（3）不影响生产和建筑物的使用和美观。

给水管道不得布置在建筑物的下列房间或部位：

① 不得穿越变、配电间，电梯机房，通信机房，大中型计算机房，计算机网络中心，有

屏蔽要求的 X 光、CT 室，档案室，书库，音像库房等遇水会损坏设备和引发事故的房间；一般不宜穿越卧室、书房及储藏间。

② 不得布置在遇水能引起爆炸、燃烧或损坏的原料、产品和设备上面，并避免在生产设备的上方通过。

③ 不得敷设在烟道、风道、电梯井、排水沟内，不得穿过大、小便槽（给水立管距大、小便槽端部不得小于 0.5 m）。

④ 不宜穿越橱窗、壁柜，如不可避免时，应采取隔离和防护措施。

（4）便于安装维修。

布置管道时其周围要有一定的空间，给水管道与其他管道和建筑结构的最小间距应满足相应的规范。需进入检修的管道井，其通道不宜小于 0.6 m。

2. 管道敷设

（1）敷设形式。

建筑内部给水管道的敷设根据美观、卫生方面的要求不同，分为明装、暗装两种形式。

① 明装即管道沿墙、梁、柱或沿天花板下等处外露。其优点是安装维修方便、造价低，但外露的管道影响美观，表面易结露、积尘，一般用于对卫生、美观没有特殊要求或建筑标准不高的公共建筑，如民用建筑和生产车间。

② 暗装即管道隐蔽，如敷设在管道井、技术层、管沟、墙槽、顶棚或夹壁墙中，或直接埋地或埋在楼板的垫层里。其优点是管道不影响室内的美观、整洁，卫生条件好，但施工复杂，维修困难，造价高，适用于对卫生、美观要求较高的建筑如宾馆、高层公寓和要求无尘、结晶的车间、实验室、无菌室等。

（2）敷设要求。

① 给水横管道在敷设时应设 0.002～0.005 的坡度，坡向泄水装置。横管设坡度，便于维修时管道泄水；管道安装完毕，清洗消毒时，便于排空残留的污水；便于管道排气，有利于水流通畅和消除水气噪声。

② 给水管道与排气管道或其他管道同沟敷设、共架敷设时，给水管宜敷设在排水管、冷冻管的上面，热水管、蒸汽管的下面；给水管道与其他管道平行或交叉敷设时，管道外壁之间的距离应符合规范的有关要求。

③ 给水横管穿承重墙或基础、立管穿楼板时均应预留空洞，安装管道在墙中敷设时，也应预留墙槽，以免临时打动、刨槽影响建筑结构的强度。

④ 引入管引入建筑室内时，必须注意保护引入管不致因建筑物的沉降而受到破坏，一般有以下两种情况。

如图 9-25 所示，引入管从建筑物的外墙基础下面通过时，应有混凝土基础固定管道；引入管穿过建筑物的外墙基础或穿过地下室的外墙墙壁引入室内时，引入管穿过地下墙壁的部分，应配合土建预留孔洞，管顶上部净空不得小于建筑物的沉降量。

管道应有套管，有严格防水要求的应采用柔性防水套管连接。管道穿过孔洞安装好以后，用水泥砂浆堵塞，以保证墙壁的结构强度。

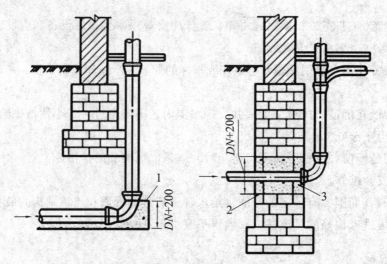

（a）从浅基础下通过　（b）穿基础

图 9-25　引入管进入建筑物

1—混凝土支座；2—黏土；3—M5 水泥砂浆封口

⑤ 管道在空间敷设时，必须采取固定措施，以保证施工方便与安全供水。给水钢质立管一般每层需安装一个管卡，当层高大于 5.0 m 时，每层需安装 2 个。水平钢管支托最大间距见图 9-26。

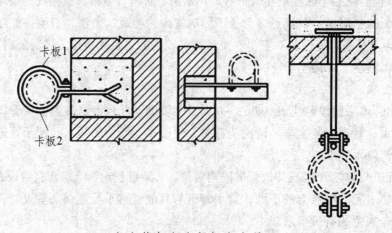

（a）管卡（b）托架（c）吊环

图 9-26　管道固定措施

明装的复合管管道、塑料管管道亦须安装相应的固定卡架，塑料管道的卡架相对密集一些。各种不同的管道都有不同要求，使用时请按生产厂家的施工规程进行安装。

（3）给水管道的防护。

① 防腐。金属管道的外壁容易氧化锈蚀，必须采取措施予以防护，以延长管道的使用寿命。通常明装的、暗装的金属管道外壁都应进行防腐处理。常见的防腐做法是管道除锈后，在外壁涂刷防腐涂料。

铸铁管及大口径钢管管内可采用水泥砂浆衬里防腐。

明装焊装钢管和铸铁管外刷防锈漆一道、银粉面漆两道；镀锌钢管外刷银粉面漆两道；安装和埋地管道均刷沥青两道。

管道外壁所做的防腐层数，应根据防腐的要求确定。当给水管道及配件设在含有腐蚀性气体的房间内时，应采用耐腐蚀管材或在管外壁采取防腐措施。

② 防冻、防结露。当管道及配件设置在温度低于 0 ℃ 以下的环境时，为保证使用安全，应当采取保温措施。

在湿热的气候条件下，或在空气湿度较高的房间内，给水管道内的水温较低，空气中的水分会凝结成水附着在管道表面，严重时会产生滴水。这种管道结露现象，一方面会加速管道的腐蚀，另一方面还会影响建筑物的使用，如使墙面受潮、粉刷层脱落，影响墙体质量和建筑美观，有时还能造成地面少量积水或影响地面上的某些设备、设施的使用等。因此，在这种场所就应当采取防露措施（具体做法与保温相同）。

③ 防漏。如果管道布置不当，或者是管材质量和敷设施工质量低劣，都可能导致管道漏水。这不仅浪费水量、影响正常供水，严重时还会损坏建筑，特别是湿陷性黄土地区，埋地管漏水将会造成土壤湿陷，影响建筑基础的稳定。防漏的办法：一是避免将管道布置在易受外力损坏的位置，或采取必要且有效的保护措施，免其直接承受外力；二是要建立健全管理制度，加强管材质量和施工质量的检查监督；三是在湿陷性黄土地区，可将埋地管道设在防水性能良好的简陋管沟内，一旦漏水，水可沿沟排至检漏井内，便于及时发现和检修（管径较小的管道，也可敷设在检漏套管内）。

④ 防振。当管道中水流速度过大，关闭水嘴、阀门时，易出现水击现象，会引起管道、附件的振动，不仅会损坏管道、附件造成漏水，还会产生噪声。为防止管道的损坏和噪声的污染，在设计时应控制管道的水流速度，尽量减少使用电磁阀或速闭型阀门、水嘴。住宅建筑进户支管阀门后，应装设一个家用可曲挠橡胶接头进行隔振，并可在管道支架、吊架内衬垫减振材料，以减小噪声的扩散。

9.1.5 高层建筑给水系统

高层建筑是指建筑高度（以室外地面至檐口成屋面面层高度计）超过 24 m 的公共建筑、工业建筑或 10 层及 10 层以上的住宅（包括首层设置商业服务网点的住宅）。

高层建筑有其自己的特点，因此对建筑给水系统的设计、施工、材料及管理方面都提出了较高的要求。当建筑高度较大时，如果采用同一个给水系统供水，则垂直方向管线过长，建筑底层管道系统的静水压力很大，会产生很多弊端。因此，高层建筑给水系统必须解决底层管道中静水压力过大的问题。

为克服高层建筑给水系统底层管道中静水压力过大的弊端，保证建筑供水安全可靠，高层建筑给水系统应采取竖向分区供水，即在建筑物的垂直方向按层分区，分别组成各自的给水系统。高层建筑给水系统分区范围一般为：住宅、旅馆、医院宜为 0.3 ~ 0.35 MPa，办公室宜为 0.35 ~ 0.45 MPa。

高层建筑给水方式主要有串联式、并列式和减压式。

（1）串联式。

如图 9-27 所示，各区分设水箱和水泵，低区的水箱兼作上区的水池。其优点是：无须设置高压水泵和高压管线；水泵可保持在高效区工作，能耗较少；管道布置简单，较省管材。其缺点是：供水不够安全，下区设备故障将直接影响上层供水；各区水箱、水泵分散设置，维修、管理不便，且要占用一定的建筑面积；水箱容积较大，将增加结构的负荷和造价。

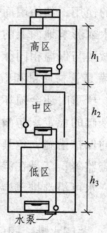

图 9-27　串联式

（2）并列式。

并列式即各区升压设备集中设在底层或地下设备层，分别向各区供水，如图 9-28 所示。其优点是：各区供水自成系统，互不影响，供水较安全可靠；各区升压设备集中设置，便于维修、管理；水泵、水箱并列供水系统中，各区水箱容积小、占地少。其缺点是各区均需设水箱，且高区需要高压水泵和耐高压管材。

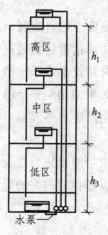

图 9-28　并列式

（3）减压式。

如图 9-29 所示，建筑物的全部用水量由设置在底部的水泵加压，提升至屋顶总水箱，再由此水箱一次向下区供水，并通过各区水箱或减压阀减压。此种方式的优点是：水泵数量少、占地少，且集中设置便于维修、管理；管线布置简单，投资省。其缺点是：各区用水均需提至屋顶水箱，不但水箱容积大，而且对建筑结构和抗震不利，同时也增加了电耗；供水不够安全，水泵或屋顶水箱输水管、出水管的局部故障都将影响各区供水。采用减压阀供水方式，可以省去减压水箱，进一步缩小了占地面积，可使建筑面积充分发挥经济效益，同时也可避免由于管理不善等原因引起水的二次污染现象。

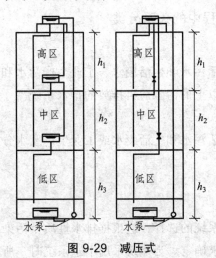

图 9-29　减压式

9.2　建筑排水系统

建筑排水系统的功能是将日常生活和工业生产中产生的污废水及落到屋面的降水（主要是雨、雪水），在满足排放的条件下，顺畅地排到室外排水管网中。

9.2.1　排水系统的分类、选择和组成

1. 按有无废水来源进行分类

（1）生活排水系统。

生活排水系统排出居住建筑、公共建筑及工业企业生活间的污水与废水，有时，由于污废水处理、卫生条件或小区中水回用的需要，把生活排水系统又进一步分为排出冲洗便器的生活污水排水系统和排出盥洗、洗涤废水的生活废水排水系统。生活废水经过处理后，可作为杂用水，用来冲洗厕所、浇洒绿地和道路、冲洗汽车等。

（2）工业废水排水系统。

工业废水排水系统排出工业企业在生产过程中产生的污废水。在工业生产中受到轻度污

染的水，如机械设备冷却水经过简单处理能作杂用水或回用或排放，这叫生产废水；相反，在工业生产过程中受到严重污染的水，如屠宰场排水，水质很差，必须进行严格处理才能排放，这叫生产污水。根据这种污废水分，排水系统又分为生产废水排水系统和生产污水排水系统。

（3）屋面雨水排水系统。

雨水是自然界中降水的主要来源，屋面雨水排水系统主要负责收集、排出落到大跨度屋面的雨水，防止雨水汇集于屋面上造成漏水。

2. 按污废水在排放过程中的关系分类

（1）污废合流排水系统。

污废合流排水系统指生活污水和生活废水、工业生产污水和工业生产废水在建筑物内合流，输送和排放两种或两种以上的污水后再排放的排水系统。

（2）污废分流排水系统。

污废分流排水系统指生活污水和生活废水或工业生产废水分别在不同的单独设置的管道系统内排放的排水系统。

3. 排水系统的选择

（1）建筑物内生活排水系统的选择，应根据排水性质及污染程度，结合室外排水体制和有利于综合利用与处理的要求确定。当建筑采用中水系统时，所选用的远水排水系统的排水宜按排水水质分流排出。当生活污水需经化粪池处理时，生活污水和生活废水宜采用分流排放。当有污水处理厂时，生活污水与生活废水宜合流排出。

（2）下列情况下的建筑排水宜单独排至水处理或回收构筑物：公共食堂、肉食品加工车间、餐饮业洗涤废水中含有大量油脂；锅炉、水加热器等设备排水温度超过 40 ℃；医院污水中含有大量致病菌或含有的放射性元素超过排放标准规定的浓度；汽车修理间或洗车废水中含有大量机油；工业废水中含有有毒、有害物质需要单独处理；生产污水中含有酸碱，以及行业污水必须处理回收利用；建筑中水系统中需要回用的生产废水；可重复利用的生产废水；室外仅设置雨水管道而无生活污水管道时，生活污水可单独排入化粪池处理，而生活废水可直接排入雨水管道；建筑物雨水管道应单独排出。

建筑雨水排水系统应单独设置，在缺水或严重缺水地区宜设雨水回收利用装置。

（3）下列情况下的建筑排水宜合流制排水系统：当生活废水不考虑回收，城市有污水处理厂时，粪便污水与生活废水可以合流排出；生活污水与生活污水性质相近时。

4. 建筑内部排水系统的组成

建筑内部污（废）水排水系统一般由卫生器具和生产设备的受水器、排水管道、清通设备和通气管道组成。在有些建筑的污（废）水排水系统中，根据需要还设有污（废）水的提升设备和局部处理构筑物，如图 9-30 所示。

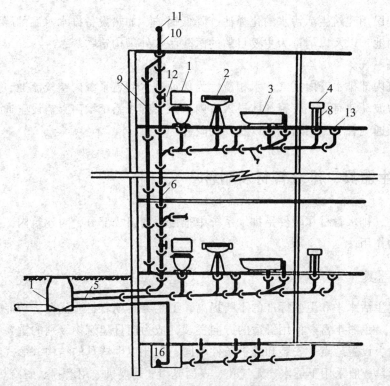

图 9-30 污（废）水排水系统组成

1—坐便器；2—洗脸盆；3—浴盆；4—厨房洗涤盆；5—排水出户管；6—排水立管；7—排水横支管；
8—器具排水管（含存水弯）；9—专用通气管；10—伸顶通气管；11—通气管；
12—检查口；13—清扫口；14—排水检查井；15—地漏

（1）卫生器具和生产设备受水器。

卫生器具又称卫生设备或卫生洁具，它是接受、排出人们在日常生活中产生的污（废）水或污物的容器或装置。生产设备受水器是接受、排出工业企业在生产过程中产生的污（废）水或污物的容器或装置。

（2）排水管道。

排水管道包括器具排水管（含存水弯）、横支管、立管、埋地干管和排出管。其作用是将各个用水点产生的污（废）水及时、迅速地输送到室外。

（3）清通设备。

清通设备包括设在横支管顶端的清扫口和设在立管或室内较长横干管上的检查口（井）。其作用是疏通管道内沉积、黏附物，保障管道排水畅通。

（4）提升设备。

提升设备指通过水泵提升排水的高程或使排水加压输送。工业与民用建筑的地下室、人防建筑、高层建筑的地下技术层和地下铁道等处标高较低，在这些场所产生、收集的污（废）水不能自流排至室外的检查井，须设污（废）水提升设备。

（5）污水局部处理构筑物。

当建筑内部污水未经处理不允许直接排入市政排水管网或水体时，须设污水局部处理构筑物，如处理民用建筑生活污水的化粪池，降低锅炉、加热设备排水水温的降温池，去除含油污水的隔油池，以及以消毒为主要目的的医院污水处理构筑物等。

（6）通气系统。

由于建筑内部排水管内是气、水相流，为保证排水管道系统内空气流通、压力稳定，避免因管内压力波动使有毒、有害气体进入室内，减少排水系统噪声，需设置通气系统。通气系统包括伸顶通气管、专用通气管以及专用附件。

9.2.2 卫生器具、排水管材及附件

卫生器具、排水管材和附件是排水系统中很重要的组成部分，对建筑内部排水系统的功能有决定性的作用。

1. 卫生器具

随着人们生活水平和卫生标准的不断提高，卫生器具朝着材质优良、功能完善、造型美观、消声节水、色彩丰富、使用舒适的方向发展，成为衡量建筑物级别的重要标准。各种卫生器具的用途、设置地点、安装和维护条件不同，因此卫生器具的结构、形式和材料也各不相同。卫生器具一般采用不透水、无气孔、表面光滑、耐腐蚀、耐磨损、耐冷热、便于清扫、有一定强度的材料制造，如陶瓷、搪瓷生铁、塑料、不锈钢、水磨石和复合材料等。

日常使用的卫生洁具如图 9-31 所示，主要分为盥洗用卫生器具（例如洗脸盆和盥洗槽等）、洗涤用卫生器具（例如洗菜池、洗碗池、洗米池等）、沐浴用卫生器具（例如浴盆、淋浴器等）、便溺用卫生器具（蹲式大便器、坐式大便器、小便器、大便槽和小便槽等）、冲洗设备（冲洗水箱、冲洗阀等）。

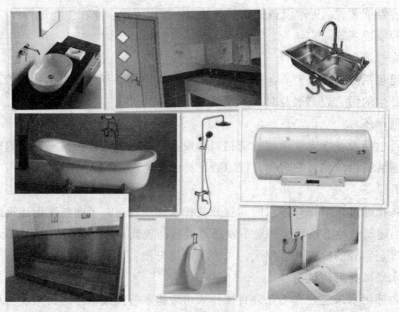

图 9-31 卫生器具

2. 建筑排水管道材料及附件

过去常用的建筑排水管材为砂模铸造的排水铸铁管，如图 9-32。该种管材厚薄不均，砂眼、裂缝多，尺寸误差大，污水容易渗漏。因此砂模铸造排水铸铁柔性接口机制排水铸铁管和 PVC-U 塑料管正逐渐被柔性接口机制排水铸铁管和 PVC-U 塑料管（图 9-33）取代。选用管材时，要综合考虑建筑物的高度、抗震要求、防火要求及当地的管材供应条件进行选用。常用的建筑排水管道材料主要包括柔性接口机制排水铸铁管、排水用 PVC-U 管材（如螺旋消声 PVC-U 管等）。

图 9-32 砂模排水铸铁管

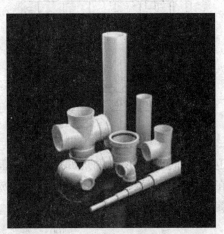

图 9-33 PVC-U 塑料管

常用的建筑排水管道的附件如图 9-34，主要包括存水弯、地漏、检查口与清扫口、排水用 PVC-U 管道系统防火、防噪声附件及吸气阀等。

图 9-34 排水管道附件

3. 卫生洁具、排水管材及附件的布置与敷设

建筑内部卫生器具、排水管道及通气管道的布置和敷设应符合水利条件良好、防止环境污染、维修方便、使用可靠、经济和美观的要求，以及兼顾给水管道、热水管道、供热通风

管道、燃气管道、电力照明线路、通信线路等管线的布置和敷设要求。

（1）卫生器具的布置与敷设。

根据卫生间和公共厕所的平面尺寸，依据所选用的卫生器具类型、尺寸布置卫生器具，既要满足方便使用，又要满足管线短、排水通畅、便于维护管理的要求。图 9-35 所示为住宅卫生间、宾馆（旅馆）客房卫生间和公共厕所的卫生器具平面布置图。

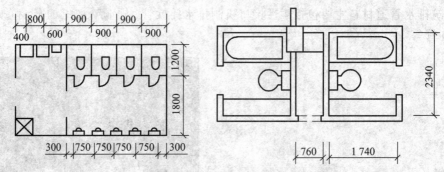

图 9-35　卫生间平面布置图

卫生间和公共厕所内的地漏应设在地面最低处，易于溅水的卫生器附近，如图 9-36，不宜设在排水支管顶端，以防止卫生器具排放的固形杂物在最远卫生器具和地漏之间的横支管内沉淀。

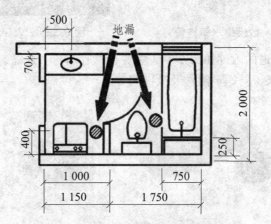

图 9-36　地漏在卫生间设置位置示意图

（2）排水管道的布置与敷设。

排水管道布置与敷设要求要满足三个水力要素：管道充满度、流速和坡度。

① 排水畅通，水利条件好。为了排水管道系统能够将室内产生的污废水以最短的距离、最短的时间排出室外，应采用水力条件好的管件和连接方法。排水支管不宜太长，尽量少转弯，连接的卫生器具不宜太多，立管宜靠近外墙，靠近排水量大、水中杂质多的卫生器具，排水管以最短的距离排出室外，尽量避免在室内转弯。

② 保证设有排水管道房建或场所的正常使用。在某些房建或场所布置排水管道时，要保证这些房建或场所正常使用，如横支管不得穿过有特殊卫生要求的生产厂房、食品及贵重商

品仓库、通风小室和变电室；不得布置在遇水易引起燃烧、爆炸或损坏的原料、产品和设备上面，也不得布置在食堂、饮食业的主副食操作烹调场所的上方。

③ 保证排水管道不受损坏。为使排水系统安全可靠地使用，必须保证排水管道不会受到腐蚀、外力、热烤等破坏，如管道不得穿过沉降缝、烟道、风道，管道穿过承重墙和基础时应预留洞，埋地管不得布置在可能受重物压坏处或穿越生产设备基础，湿陷性黄土地区横干管应设在地沟内，排水立管应采用柔性接口，塑料排水管道应远离温度高的设备和装置，在会合配件处（如三通）设置伸缩节等。

④ 不影响室内环境卫生条件。为创造一个安全、卫生、舒适、安静、美观的生活、生产环境，管道不得穿越卧室、病房等对卫生、安静要求较高的房间，并不宜靠近与卧室相邻的内墙。商品住宅卫生间的卫生器具排水不宜穿越楼板进入他户，建筑层数较多、底层横支管与立管连接处至立管底部的距离小于表 9-1 规定的最小距离时，底部支管应单独排出。

表 9-1　最底层横支管接入处至立管底部排出管的最小垂直距离

立管连接卫生器具的层数/层	≤4	>5
最小垂直距离/m	0.45	0.75

如果立管底部放大一号管径或横干管比与之连接的立管大一号管径时，可将表中垂直距离缩小一档。有条件时宜设专用通气管道。

⑤ 施工安装、维护管理方便。为便于施工安装，管道距楼板和墙应有一定的距离。为便于日常维护管理，排水立管宜靠近外墙，以减少埋地横干管的长度，对于废水含量有大量悬浮物或沉淀物、管道需要经常冲洗、排水支管较多、排水点的位置不固定的公共餐饮业的厨房、公共浴池、洗衣房、生产车间，可以用排水沟代替排水管，应按规范规定检查口或清扫口。

⑥ 占地面积小、总管线短、工程造价低。

（3）通气系统的布置与敷设。

排水立管顶端应设伸顶通气管，其顶端应装设风帽或网罩，避免杂物落入排水立管。伸顶通气管的设置高度与周围环境、该地的气象条件、屋面使用情况有关，伸顶通气管高出屋面不小于 0.3 m，但应大于该地区最大积雪厚度；屋顶有人停留时，高度应大于 2.0 m；若在通气管口周围 4 m 以内有门窗时，通气管口应高出窗顶 0.6 m 或引向无门窗一侧。通气管口不宜设在建筑物挑出部分（如屋檐檐口、阳台和雨篷等）的下面。

9.2.3　高层建筑排水系统

高层建筑中卫生器具多、排水量大，且排水立管连接的横支管多，多根横管同时排水产生的强烈冲击流使水跃高度增加并产生较大的压力波动，导致水封破坏，室内环境污染。为了防止水封破坏，保证室内的环境质量，高层建筑排水系统必须解决好通气问题，稳定管内气压，以保持系统运行的良好工况。

同时，由于高层建筑体量大，建筑沉降可能引起出户管平坡或倒坡；安装管道多，建筑吊顶高度有限，横管敷设坡度受到一定的限制；居住人员多，若管理水平低、卫生器具使用不合理、冲洗不及时等，都将影响水流畅通，造成淤积堵塞，影响面会更大。因此，高层建筑的排水系统还应确保水流畅通。

1. 高层建筑排水系统的特点

（1）管道中的压力波动。高层建筑排水系统卫生器具多、排水量大、横支管多，存在同时排水的可能。水舌的影响和横干管起端产生的强烈冲击流使水跃高度增加，导致较大的气压波动和水封破坏。

（2）横管敷设坡度问题。由于高层建筑重量大，建筑沉降可能引起出户管平坡或倒坡；安装管道多，建筑吊顶高度有限，横管敷设坡度受到一定的限制。

（3）易发生堵塞。高层建筑居住人员多，若管理水平低、卫生器具使用不合理、冲洗不及时等，都将影响水流畅通，造成淤积堵塞，一旦排水管道堵塞，影响面大。

2. 高层建筑排水系统的技术要求

通过分析，已知可以调整、改变管内压力变动的主要因素是终限流速 v_t 和水舌系数 K，减小 v_t 和 K 值，可以减小管内压力波动，防止水封破坏，提高通水能力。

（1）设置底层单独出户管。当排水横干管与最下一根横支管之间的间距不能满足相关要求时，底层污水单设横管排出，以避免下层横支管连接的卫生器具出现正压喷溅现象。

（2）合理选择管道连接配件。管道连接时尽量采用水舌系数小的管件如顺水三通等。

（3）在排水立管上增设乙字管，以减慢污水下降速度。

（4）增设各类辅助通气管道。当排水管内气流受阻时，管内气压可通过辅助通气管调节，不受排水管中水舌的影响。

3. 新型单立管排水系统简介

采用双立管排水系统和三立管排水系统，虽能较好地稳定排水管内气压、提高通水能力，但占地面积大、施工复杂、造价高。20 世纪 60 年代以来，瑞士、法国、日本、韩国等，先后研制成功了多种单立管排水系统，即苏维脱排水系统、旋流排水系统、芯型排水系统和UPVC 螺旋排水系统等。

它们的共同特点是在排水系统中安装特殊的配件，当水流通过时，可降低流速和减少或避免水舌的干扰，保持管内气流畅通和控制管内压力波动，同时还可提高排水能力。此方法既节省了管材也方便了施工。

（1）苏维托排水系统（Sovent system）。

配件组成：气水混合器和气水分离器。

如图 9-37、9-38 所示，自立管下降的污水，经乙字管时，水流装机分散与周围的空气混合，变成比重轻呈水沫状的气水混合物，下降速度减慢，可避免出现过大的抽吸力。横支管排出的污水受隔板阻挡，只能从隔板右侧向下排放，不会在立管中形成水舌，能使立管中保持气流畅通，气压稳定。

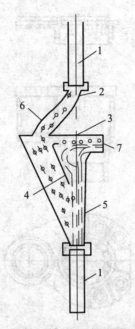

图 9-37　气水混合器

1—立管；2—横管；3—空气分离室；4—突块；5—跑气管；6—水气混合物；7—空气

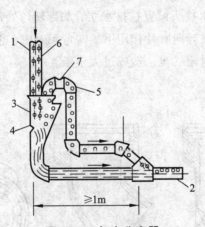

图 9-38　气水分离器

1—立管；2—横管；3—空气分离室；4—突块；
5—跑气管；6—水汽混合物；7—空气

（2）旋流排水系统（塞克斯蒂阿 Sextia system）。

配件组成：旋流接头和排水弯头。

如图 9-39 所示，旋流排水系统由底座、板盖组成，盖板上带有固定旋流叶片。从横支管排出的污水，从切线方向以旋转状态进入立管，立管下降水流经固定旋流叶片沿壁旋转下降。当水流下降一段距离后旋流作用减弱，但流过下层旋流接头时，经旋流叶片倒流，又可增加旋流作用，直至底部，使管中间形成气流畅通的空气芯，压力变化很小。

191

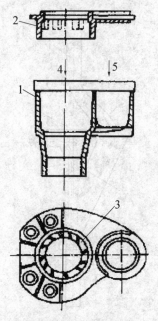

图 9-39 旋流接头

1—底座；2—盖板；3—叶片；4—接立管；5—接大便器

如图 9-40 所示，旋流排水接头设置在排水立管底部转弯处，为内有导向叶片的 45°弯头。立管下降的附壁薄膜水流，在导向叶片作用下旋向弯头对壁，使水流沿弯头下部流入干管，可避免因干管内出现水跃而封闭气流，造成过大正压。

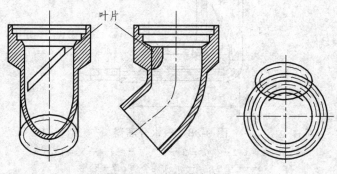

图 9-40 特殊排水弯头

（3）芯型排水系统（高奇马排水系统）。

配件组成：环流器和角笛弯头。

如图 9-41 所示，芯型排水系统由上部立管插入内部的倒锥体和 2～4 个横向接口组成。横管排出的污水经内管进入环流器，经锥体时水流扩散，形成水气混合液，流速减慢、沿壁呈水膜状下降，使管中气流畅通。

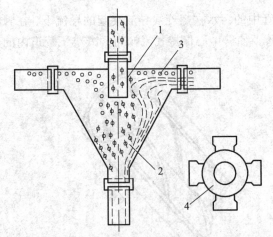

图 9-41　芯型排水系统

1—内管；2—气水混合物；3—空气；4—环形通路

如图 9-42 所示，角笛弯头设置在立管底部转弯处，自立管下降的水流因过水断面扩大，流速变缓，夹杂在污水中的空气释放，且弯头曲率半径大，加强了排水能力，可消除水跃和水塞现象，避免立管底部产生过大正压。

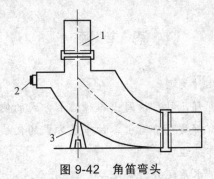

图 9-42　角笛弯头

1—立管；2—检查口；3—支墩

（4）UPVC 螺旋排水系统。

配件组成：偏心三通和有螺旋线导流突起的 UPVC 管。

如图 9-43 所示，偏心三通设置在立管与横管的连接处。由横支管流入的污水经偏心三通从圆周切线方向进入立管，旋流下降。

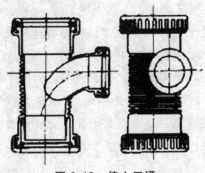

图 9-43　偏心三通

如图 9-44 所示，立管中的污水在螺旋线导流突起的导流下，在管内壁形成较为稳定而密实的水膜旋流，旋转下落，使管中心保持气流畅通，减小了管道内的压力波动。

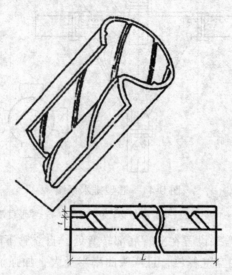

图 9-44 有螺旋线导流突起的 UPVC 管

思 考 题

1. 建筑给水系统分为哪几种类型？
2. 室内给水的基本方式有哪几种？请写出各种给水方式的使用条件和优缺点。
3. 给水管网的布置方式有哪些？请写出各种布置方式的优缺点。
4. 室内排水系统由哪几部分组成？
5. 建筑内部污（废）水排水系统分为哪几类？

课后阅读

"绿色建筑"与给排水相关的几个方面

进入 21 世纪，随着全球气候变暖，各国对能源消耗的控制越来越严格。作为城市能源消耗的主体，建筑越来越受到各方的关注。如何合理地降低建筑的各项能耗，使承载我们生活的建筑变得更加可持续，是所有从事建筑设计与研究的人们共同的愿望。在这样的情况下，"绿色建筑"（图 9-45）逐渐进入我们的视野。"绿色建筑"作为为我们提供健康、舒适与自然和谐共生的建筑，已被人们广泛接受。"绿色建筑"的实现要从设计、施工、运营等多个方面进行控制和要求，在这诸多因素中，设计作为第一个环节起着至关重要的作用。在"绿色建筑"给排水的设计工作中，节水、可再生能源利用与非传统水源利用是极为重要的部分。

图 9-45 绿色建筑

1. 节　水

　　我国作为一个水资源贫乏的发展中国家，人均水资源占有量仅为世界平均水平的 1/4。水资源短缺已经影响到我国的国民经济发展，在一些严重缺水地区，水资源的严重短缺甚至影响到人们的日常生活，因此节水是我们亟待解决的重要问题，同时节水工作也已经成为我国的一项基本国策。作为城市用水的大户，建筑生活用水约占整个城市总用水量的 60%，如何解决建筑用水的节水问题是推进节水工作的首要环节。

　　建筑节水是一个复杂而系统的工程，首先我们应考虑制定与之配套的节水法律法规，同时我们还应该加强日常用水的管理；其次我们还应采取有效的技术措施，提高对建筑中各个用水点的控制，从而将节水工作真正落实到位。在诸多影响因素中，我们首先应该优化供水系统的设计：从建筑节能的角度我们应该充分利用市政管网的供水压力进行供水，这样的设计使我们既可以节能，同时可以做到节水，也避免了水源的二次污染；合理地进行系统分区，避免系统分区不合理造成的系统超压出流，系统的超压出流造成了不被人们注意的隐形的水资源浪费。其次，采用较为先进的供水设备，避免水资源二次污染事故的发生。在城市二次供水系统中，水资源二次污染是时常发生的事件，此类事故的发生使得居民生活受到较大影响，成为城市供水系统中一个较大的隐患，目前很多城市已经采取了一些管理措施，如制定地方标准、统一施工单位、统一运行管理等，从源头上降低了此类事故的发生，为建筑节水朝着有序化的道路迈进了一步；同时，在设计中我们应当选用新型优质管材及其附件，进一步避免水资源在输送过程中造成的浪费。从我们现行的给排水设计规范中，我们可以看到目前我国城市管网漏损率约为 10%。这一标准远远高于日本城市管网 3.3% 的漏损率，此项差异每年将给我们的国民生产造成巨大的经济损失。为了有效地提高我们对管网漏损率的控制，我们应当加大新型管材在实际工程中的应用，从而有效降低我们城市的管网漏损率；在建筑内部我们应当更多地采用新型节水型器具，让这些器具在满足我们日常生活用水的情况下，消耗更少的城市水资源。最后，我们应该以经济杠杆作为调节手段，利用针对不同行业、不同用水标准分别设置水表，并且按照不同标准进行收费，将各方的经济利益与我们建筑节水的目的紧密地联系在一起，进而提高全部用水户的节水积极性，实现我们建筑节水的根本目的。

2. 可再生能源利用

长久以来，能源一直是影响我国国民经济发展的重要因素。作为一个能源相对贫乏的发展中国家，能源供给问题一直关系到我们的国家安全和社会稳定。这些年相继出现的"电煤紧缺""拉闸限电"等，进一步凸显了我们能源紧缺的矛盾。我们现有的主要能源是煤炭、石油和天然气等石化能源。随着开发量的增加，这些不可再生的能源储量在急剧减少，因而降低建筑能耗和寻求新能源已经成为刻不容缓的任务。新能源的开发一直以来是发达国家占有主导地位，进入新世纪以后我国政府逐渐加大了对新能源开发的扶植力度，一批新能源开发企业已经具有一定规模和实力，在多年的研发和探索中国内的企业在太阳能和地热能方面取得了较大的突破。在此前提下，国家提出了建设节能省地型住宅的政策方针，进一步推进可再生能源在建筑中的应用与发展。因而太阳能、地热能在建筑行业中的应用也越来越受到人们的关注。太阳能在建筑中的利用可分为多种方式，主要包括太阳能的光热形式和太阳能的光电形式，这是目前使用较为广泛的两种形式。给排水专业的设计，主要是利用太阳能的光热形式，同时由于我国大部分地区位于北纬 40°以北的区域，平均日照时间较长，适合太阳能热水系统的广泛应用。我们可以根据所设计的项目有针对性地对热水系统的形式加以考虑，《绿色建筑评价标准》强制项规定可再生能源使用量占建筑总能耗的比例大于 5%，优选项要求大于 10%。现在我们设计的项目，高层占绝大多数，我们可以将太阳能与建筑立面相结合，利用集中供应和分户供应相结合的太阳能热水系统来实现可再生能源的利用率。集中供应与分户供应相结合的方式很好地发挥了两种形式的优点：一方面避免了建筑物互相遮挡对太阳能集热板面积造成的损失；另一方面使太阳能集热板的日照时间大于 4 h，实现资源的充分利用，进而提高我们对可再生能源的利用。

3. 非传统水源利用

从我们现行的给排水设计规范，我们可以了解到城市污水量约等于城市供水量的 90%，在这 90%的污水中只含有约 0.1%的污染物，因此城市污水是一个较为稳定的再生水水源。现阶段在我国大多数城市中，城市自来水都被用作冲厕、绿化、冲洗等用水，这样的用水方式，不仅造成了水资源的大量浪费，而且给上下游的水处理单位带来了巨大的负担。因此，加快再生水应用成为我们解决城市水资源短缺的一个良好途径。我们可以根据项目所处的区域进行综合考虑、如果有城市再生水管网，我们可以利用城市再生水作为我们的第二水源，解决我们室内冲厕、室外绿化浇灌和道路冲洗的问题；如果所建项目周边没有再生水管网，我们可以考虑在小区内自建再生水处理设施，利用小区的优质杂排水作为水源，经过处理后，将再生水用于我们的日常冲厕和浇洒，以提高我们对水资源的综合利用；雨水也是再生水的优质水源，经过处理后的雨水也可以作为再生水用于冲厕、绿化和景观用水以及其他适应再生水水质标准的用水途径。由于我国南北差异较大，年降雨量分布不均，如何有效地进行雨水收集成为进行雨水处理遇到的最大问题。目前，我们多采用建立雨水调节池的方式对建筑区域内的地面和墙面雨水进行收集，经过调节池收集，再经过再生水处理设备处理后，应用到我们的日常生活中；同时，世界上也有许多国家，如德国、日本等在一些城市的建筑物上设计了收集雨水的设施，将收集到的雨水用于消防、小区绿化、洗车、厕所冲洗和冷却水补给等，也可以经深度处理后供居民饮用。

除已经叙述的再生水作为非传统水源外，我们还应当加大循环用水、重复用水的范围，进而降低补充水量，进一步有效地提高水资源的利用。在我国，现行的绿色建筑评价标准中强制项与优选项对于非传统水源利用率都有明确要求：《绿色建筑评价标准》强制项要求住宅非传统水源利用率不低于10%，优选项要求不低于30%。在整个绿色建筑评价体系中，通常以年用水量作为考核标准，因此应根据不同地域和不同项目合理确定各用水项目用水的频率、用水量、使用周期等。例如：南方降水较为充沛的区域，应合理考虑道路冲洗的次数，干旱地区绿化、冲洗等水量均须结合本地区实际情况确定浇洒次数；北方寒冷地区，冬季一般不考虑室外绿化、景观水量等。

结 束 语

随着社会的发展与进步，世界各国对"绿色建筑"的关注程度正日益增加。"绿色建筑"已成为建筑发展的必然趋势，绿色建筑设计理念将在未来占据建筑行业的主导地位。给排水在"绿色建筑"设计中潜能很大，我们可以在满足用户用水要求的情况下，从节水、可再生能源利用和非传统水源利用等方面优化我们的设计，使我们设计的项目更加具有可持续性，更加符合时代潮流；同时，每一个给排水设计人都必须充分认识到降低建筑能耗、合理利用水资源是我们不可推卸的责任。

第10章　市政工程

10.1　市政工程的基本概念

市政工程是城市建设中，市政基础设施工程建造（除建筑业的房屋建造）的科学技术活动的总称，是人们应用市政工程技术、各种材料、工艺和设备进行市政基础设施的勘测、设计、监督、管理、施工、保养维修等技术活动，在地上、地下或水中建造的直接或间接为人们生活、生产服务的各种城市基础设施。

市政工程一般是指城市道路、桥涵、隧道、排水（含污水处理）、防洪和城市照明等市政基础设施。广义的市政工程包括：

（1）市政工程设施，包括城市的道路、桥梁、隧道、涵洞、防洪、下水道、排水管渠、污水处理厂、城市照明等设施。

（2）公用事业基础设施，包括城市供水、供气、供热、公共交通等。

（3）园林绿化设施，包括园林建设、园林绿化、道路绿化及公共绿地的绿化等。

（4）市容和环境卫生，包括市容市貌的设施建设、维护和管理。

以上各项设施及其附属设施，统称市政公用设施。

市政工程自身的特点是隐蔽工程量多，例如：城市道路，路基、垫层等都位于面层之下；排水管渠除检查井的口、盖外，工程结构的主要构造绝大部分都隐蔽在地下。

市政工程随着社会经济的发展、科学技术的进步而不断发展。社会的发展对市政工程的需要不断地迅速地增长，首先是作为市政工程物质基础的建筑材料，其次是随之发展的设计理论与施工工艺技术，这成为市政工程建设技术水平发展的先决条件。新的技术、性能优良的建筑材料、新的设计理论或成功采用的新工艺，都能促进市政工程建设水平的提高。

10.2　市政城市道路概述

城市道路是城市人们生活和物质运输不可或缺的交通基础设施，起到保护环境、城市规划以及救灾防灾等多方面功能，同时又具有功能多样性、组成内容复杂、行人交通量大、交叉口多等特点。

10.2.1　城市道路的分类、分级

1. 城市道路的分类

城市道路一般根据道路在城市中的地位、功能作用及其交通特征进行分类。确定分类的基本因素是交通性质、交通量和行车速度。根据城市道路在城市道路网中的地位、交通功能以及对建筑物服务功能的不同，我国《城市道路工程设计规范》（CJJ 37—2012）将城市道路分为快速路、主干路、次干路、支路四类。

（1）快速路。

快速路应为城市中大量、长距离、快速交通服务。快速路对向车行道之间应设中间分隔带，其进出口应采用全部控制或部分控制且两侧不应设置吸引车流、人流的公共建筑物的进出口。

快速路在特大城市或大城市中的设置，主要是起着联系市区各主要地区、市区和主要的近郊区、卫星城镇等的作用，其主要为城市远距离交通服务，具有较高车速和大的通行能力。

快速路的主要技术要求：

（1）只准汽车通行，禁止行人和非机动车进入快速车道。

（2）每个行车方向至少有两条机动车道，中间设置宽度不小于 1 m 的中央分隔带。

（3）大部分交叉口采用立体交叉。

（4）控制快速车道的出入口，车辆只能在指定地点进出。

（5）设计速度为 80 km/h 或 60 km/h。

不具备上述要求的为常规道路。

（2）主干路。

主干路应为连接城市各主要分区的干路，以交通功能为主。

主干路联系城市的主要工业区、住宅区以及港口、车站等货运中心，承担城市的主要客货运交通，是城市内部的交通大动脉。主干路一般设有 4 条车道或 6 条机动车道和加有分隔带的非机动车道，一般不设立休交叉，而采用扩大交叉口的办法提高通行能力，个别流量特别大的主干路交叉口，也可设置立体交叉。

（3）次干路。

次干路是城市中数量较多的一般交通道路，配合主干路组成城市干道网，起联系各部分和集散交通的作用，并兼有服务的功能。

次干路一般可设 4 条车道，可不设单独非机动车道，交叉口可不设立体交叉，部分交叉口可以作扩大处理，在街道两侧允许布置吸引人流的公共建筑，并应设停车场。

（4）支路。

支路是次干路与街坊路的连接线，解决局部地区交通，以服务功能为主。部分主要支路可以补充干道网的不足，可以设置公共交通线路，也可以作为非机动车专用道。支路上不宜通过过境车辆，只允许通行为地区服务的车辆。

此外，根据城市的不同情况，还可规划自行车专用道、有轨电车专用道、商业步行道、货运道路等专用道路。

2. 城市道路的分级

根据城镇道路功能、设计交通量、地形条件等，将各类道路分为 3 个等级。按《城镇道路工程技术标准》的规定，城镇道路等级分类及设计速度的主要技术指标如表 10-1 所示。

表 10-1 城镇道路等级分类及设计速度

道路类别	快速路			主干路			次干路			支路		
道路级别	Ⅰ	Ⅱ	Ⅲ	Ⅰ	Ⅱ	Ⅲ	Ⅰ	Ⅱ	Ⅲ	Ⅰ	Ⅱ	Ⅲ
设计速度/ （km·h⁻¹）	100	80 60	60	60	60 50	40	50	40 30	30	40	30 20	20

3. 城市道路的组成

城市道路横断面由行车道，人行道，平、侧石及附属设施四个主要部分组成。

（1）行车道。

行车道即道路的行车部分，主要供各种车辆行驶，分机动车道、非机动车道。车道的宽度根据通行车辆的多少及车速而定，一般每条机动车道宽度为 3.5 ~ 3.75 m，每条非机动车道宽度为 2 ~ 2.5 m，一条道路的行车道可由一条或数条机动车道和数条非机动车道组成。

（2）人行道。

人行道是供行人步行交通所用，人行道的宽度取决于行人交通的数量。人行道每条步行带宽度为 0.75 ~ 1 m，由数条步行带组成，一般宽度为 4 ~ 5 m。

（3）平、侧石。

平、侧石位于车行道与人行道的分界位置，它也是路面排水设施的重要组成部分，同时又起到保护路面结构边缘部分的作用。

（4）附属设施。

附属设施包括排水设施、交通隔离设施、绿化、地上杆线和地下管网及其他附属设施等。

10.2.2 公路的技术标准

1. 在确定公路等级时应明确的问题

（1）应首先确定该公路的功能是干线公路，还是集散公路，即属于直达还是连接，以及是否需要控制出入等，根据预测交通量初拟公路等级；然后再结合地形、交通组成等，确定设计速度、路基宽度。

（2）公路等级应与该路段所对应的预测交通量相适应。各级公路所能适应的年平均日交通量是指设计交通量。高速公路和具干线功能的一级公路的设计交通量应按 20 年预测；具集散功能的一级公路，以及二、三级公路的设计交通量应按 15 年预测；四级公路可根据实际情况确定。设计交通量预测的起算年应为该项目可行性研究报告中的计划通车年；设计交通量的预测应充分考虑走廊带范围内远期社会、经济的发展和综合运输体系的影响。

（3）当公路里程较长时，可分段选用不同的公路等级、不同的设计速度和路基宽度，但不同公路等级、设计速度、路基宽度间的衔接应协调，要结合地形的变化设置过渡段，使主要技术指标随之逐渐过渡，避免出现突变。不同设计路段相互衔接的地点，应选择在驾驶人员能够明显判断路况发生变化而需要改变行车速度的地点，如村镇、车站、交叉道口或地形明显变化等处，并应设置相应的标志。

（4）一级公路既可作为干线公路，也可作为集散公路。当作为集散公路时，纵横向干扰较大，为保证供汽车分道、分向行驶，可设慢车道供非汽车交通行驶；作为干线公路时，为保证运行速度、交通安全和服务水平，应根据需要采取控制出入措施。

（5）干线公路宜选用二级及二级以上公路。当干线公路采用二级公路标准时，应采取增大平面交叉间距，采用主路优先交通管理方式，以及渠化平面交叉等措施以减小横向干扰，且平面交叉间距不应小于 500 m。

（6）当集散公路采用二级公路标准时，非汽车交通量大的路段，可采取设置慢车道、采用主路优先或信号等交通管理方式，以及优化平面交叉等措施以减小纵、横向干扰，其平面交叉间距不应小于 300 m。

（7）设计路段的长度不宜过短，一般情况下，高速公路不宜小于 15 km，一级公路、二级公路不宜小于 10 km，三级、四级公路可根据实际情况适当缩短。

（8）支线公路或地方公路可选用三级公路、四级公路，允许各种车辆在车道内混合行驶。

2. 《公路工程技术标准》

《公路工程技术标准》（JTGB01—2014）（以下简称《标准》）是国家颁布的法定技术准则，反映了我国公路建设的方针、政策和技术要求，是公路勘测设计、修建和养护的依据。因此，在公路设计、施工和养护中，必须严格遵守《标准》，同时，在符合《标准》要求和不过分增加工程造价的前提下，根据技术经济原则尽可能采用较高的技术指标，以充分提高公路的使用质量和效益。

我国《标准》规定的各级公路主要技术指标见表 10-2。

表 10-2　各级公路的主要技术指标

公路等级		高速公路、一级公路								
设计速度/ （km·h⁻¹）		120			100			80		60
车道数		8	6	4	8	6	4	6	4	4
行车道宽度/m		2×15.00	2×11.25	2×7.50	2×15.00	2×11.25	2×7.50	2×11.25	2×7.50	2×7.00
路基宽度/m	一般值	45.00	34.50	28.00	44.00	33.00	26.0	32.0	24.0	23.0
	最小值	42.00		26.00	41.0		24.0		21.0	20.0
平曲线最小半径/m	极限值	650			400			250		125
	一般值	1000			700			400		200

停车视距/m		210		160		110	75
最大纵坡/%		3		4		5	6
车辆荷载		公路Ⅰ级					
公路等级		二级公路、三级公路、四级公路					
设计速度/ (km·h⁻¹)		80	60	40	30	20	
车道数		2	2	2	2	2 或 1	
行车道宽度/m		2×7.0	2×7.0	2×7.0	2×6.0	2×6.0 单车道时为 3.5	
路基宽度/m	一般值	12.0	10.0	8.5	7.5	6.5（双车道）	4.5（单车道）
	最小值	10.0	8.5	—		—	
平曲线最小半径/m	极限值	250	125	60	30	15	
	一般值	400	200	100	65	30	
会车视距/m		220	150	80	60	40	
最大纵坡/%		5	6	7	8	9	
车辆荷载		公路Ⅱ级					

3. 设计速度与选用

（1）设计速度。

设计速度是在气象条件良好、车辆行驶只受道路本身条件影响时，具有中等技术的人员能够安全舒适驾驶车辆的速度。各级公路的设计速度见表 10-3。

表 10-3　各级公路的设计速度

公路等级	高速公路			一级公路			二级公路		三级公路		四公路级
设计车速/ (km·h⁻¹)	120	100	80	100	80	60	80	60	40	30	20

（2）设计速度的选用。

设计速度应根据公路的功能、等级及交通组成，结合沿线地形、地物、地质状况等，论证选用。

① 高速公路作为国家及省的重要干线公路，或作为交通量大的国家及省干线公路，或位于地形、地质良好的平原、丘陵地段时，经技术经济论证其设计速度宜采用 120 km/h 或 100 km/h。当受地形等自然条件制约时，经技术论证其设计速度可选用 80 km/h。个别特殊困

难地段，且因新建工程可能诱发病害时，经技术经济论证并报主管部门批准，其局部路段可采用 60 km/h 的设计速度，但该局部路段不宜大于 15 km，或仅局限于相邻两互通式立体交叉之间，与其相邻路段的设计速度不应大于 80 km/h。

② 一级公路作为国家及省的干线公路，且纵、横向干扰小时，经技术经济论证，其设计速度宜采用 100 km/h 或 80 km/h，同时必须采取确保较高运行速度和安全的措施。一级公路作为大、中城市城乡结合部混合交通量大的集散公路时，应集合平面交叉的数量、安全措施等进行技术经济论证，其设计速度可采用 80 km/h 或 60 km/h，且应设置相应设施以确保通行能力和安全。

③ 二级公路作为国家及省干线公路或城市间的干线公路时，可选用 80 km/h；二级公路作为城乡结合部混合交通量大的集散公路时，其设计速度宜选用 60 km/h；位于地形、地质等自然条件复杂的山区时，经论证可采用 40 km/h 的设计速度。

④ 三级公路作为支线公路时，宜采用 40 km/h；位于地形、地质等自然条件复杂的路段时，设计速度可采用 30 km/h。

⑤ 地形、地质等自然条件复杂的山区，或交通量很小的路段，可采用设计速度为 20 km/h 的四级公路。

10.3　市政管道工程概述

市政管道是城市基础设施的重要组成部分，不断地输送人们生活和工业生产所需的各种能量及信息。根据其功能，市政管道工程可分为给水管道工程、排水管道工程、燃气管道工程、热力管道工程、电力电缆、电信电缆等。给水管道主要为城市输送分配生活、生产、消防及市政用水；排水管道是及时收集、输送用户使用后的废水至污水处理厂适当处理后排放；热力管道是将热源中产生的热水或者蒸汽输送分配到各用户，提供给用户热量；燃气管道主要是将燃气分配站中的燃气输送到各用户，以供其使用；电力电缆主要是为城市输送电能，用于照明或动力等；电信电缆主要是为城市传递各种信息，包括市话电缆、长话电缆、光纤电缆、广播电缆、电视电缆、军队及铁路专用通信电缆等。本节将详细介绍给水管道工程和排水管道工程两部分内容。

10.3.1　市政给水管道工程

1. 市政给水管道工程概述

（1）市政给水系统的组成。

市政给水系统主要由以下六部分组成：取水构筑物、水处理构筑物、输水管渠、配水管网、泵站和调节构筑物。按照水源的不同，主要有地表水源（江河、湖泊、水库、海洋等）给水系统和地下水源（浅层地下水、深层地下水、泉水等）给水系统，如图 10-1 和图 10-2所示。

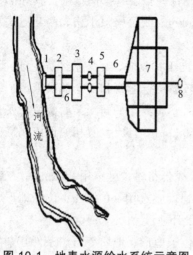

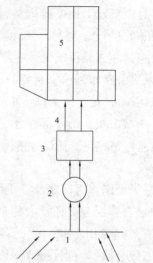

图 10-1　地表水源给水系统示意图
1—取水构筑物；2—一级泵站；3—水处理构筑物；
4—清水池；5—二级泵站；6—输水管；
7—管网；8—水塔

图 10-2　地下水源给水系统示意图
1—地下水取水构筑物；2—集水池；
3—泵站；4—输水管；5—管网

① 取水构筑物，是指从水源取水的设施，包括地下水取水构筑物和地表水取水构筑物。

② 水处理构筑物，是指将取水构筑物的来水进行处理，以满足用户对水质的要求的设施包括絮凝池、沉淀池、滤池等。

③ 输水管渠，是指在较长距离内输送水量的管道或渠道，一般不沿线向两侧供水。

④ 配水管网，是指分布在整个供水区域内的配水管道网络。其功能是将来自于较集中点的水量分配输送到整个供水区域，使用户就近接管用水。配水管网主要由主干管、干管、支管、连接管、分配管等构成，还需安装消火栓、阀门和检测仪表等附属设施。

⑤ 泵站，是指输配水系统中的加压设施。其作用主要是提水和输水，给水提供机械能量。市政给水泵站按照其设置情况，可分为一级泵站、二级泵站和中途泵站。

⑥ 调节构筑物，包括各种类型的储水构筑物，如清水池、水塔或高低水池等。

（2）市政给水管道系统的组成。

市政给水管道系统在城市给水系统中占有重要地位，它是由输水系统和配水系统两子系统组成的，是保证输水到给水区内并配水到所有用户的全部设施。它包括输水管渠、配水管网、泵站、调节构筑物（清水池、水塔、高地水池）等。市政给水管道系统中当水压过高时，可设置减压设施，避免水压过高造成管道或其他设施漏水、爆裂、水锤破坏，或避免用水的不舒适感。

（3）给水管网系统的类型。

① 统一给水管网系统。

整个给水区域的生活、生产、消防、市政等多项用水，均以同一水压和水质，用统一的管网系统供给各个用户。该系统适用于地形起伏不大、用户较为集中，且各用户对水质、水压要求相差不大的城镇和工业企业的给水工程。

根据向管网供水的水源数目，统一给水管网系统可分为单水源给水管网系统和多水源给水管网系统两种形式，如图 10-3 和图 10-4 所示。

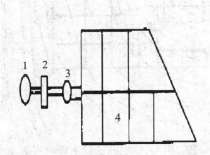

图 10-3 单水源给水管网系统示意图

1—地下水集水池；2—泵站；3—水塔；4—管网

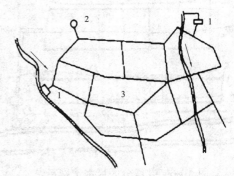

图 10-4 多水源给水管网系统示意图

1—水厂；2—水塔；3—管网

② 分系统给水管网系统。

因给水区域内各用户对水质、水压的要求差别较大，或地形高差较大，或功能分区比较明显，且用水量较大时，可根据需要采用几个相互独立工作的给水管网系统分别供水。

分系统给水管网系统也可以采用单水源给水管网系统和多水源给水管网系统两种形式。根据具体情况，分系统给水管网系统又可以分为分区给水管网系统、分压给水管网系统和分质给水管网系统。

a. 分区给水管网系统。将给水管网系统划分为多个区域，各区域有独立的供水泵站，供水具有不同的水压。分区给水管网系统可以降低平均供水压力，避免局部水压过高的现象，减少爆管的概率和泵站能量的浪费。

分区给水管网系统有两种情况：一种是城镇地形比较平坦，功能分区明显或自然分隔而分区，如图 10-5 所示。城镇被河流分隔，两岸工业和居民用水分别供给，自成给水系统。另一种是因地形高差较大或输水距离较长而分区，又有串联和并联分区两种：采用串联分区，设泵站加压（或减压措施），从某一区取水，向另一区供水；采用并联分区，满足不同压力要求。图 10-6 和图 10-7 分别为并联分区给水系统管网和串联分区给水系统管网。

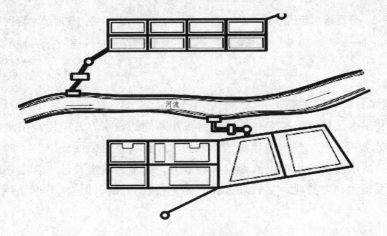

图 10-5　分区给水管网系统

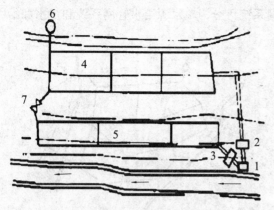

图 10-6　并联分区给水管网系统

1—清水池；2—高压泵站；3—低压泵站；4—高压管网；
5—低压管网；6—水塔；7—连通阀门

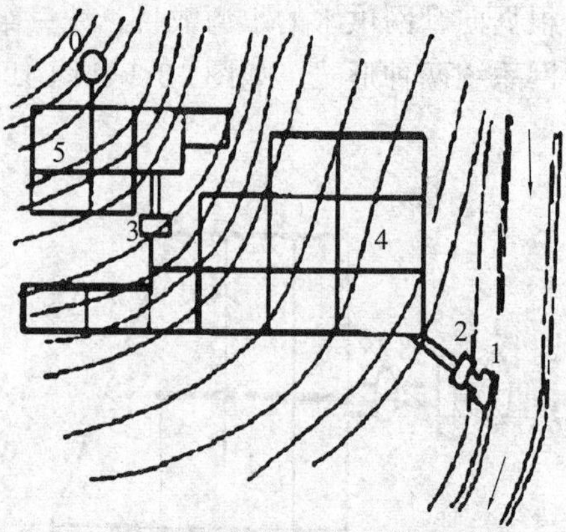

图 10-7　串联分区给水管网系统

1—清水池；2—供水泵站；3—加压泵站；4—低压管网；
5—高压管网；6—水塔

b. 分压给水管网系统。由于用户对水压的要求不同而分成两个或两个以上的系统给水。符合用户水质要求的水，由同一泵站内的提供不同扬程的水泵分别通过高压、低压输水管网送往不同用户，如图 10-8 所示。采用分压给水或局部加压的给水系统，可以避免动力浪费等缺点，减少高压管道和设备用量，但需要增加低压管道和设备，管理较为复杂。

c. 分质给水管网系统。因用户对水质的要求不同而分成两个或两个以上系统，分别供给各类用户，称为分质给水管网系统，如图 10-9 所示。

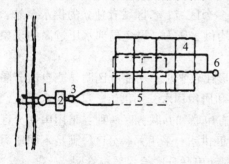

图 10-8　分压给水管网系统

1—取水构筑物；2—水处理构筑物；3—泵站；
4—高压管网；5—低压管网；6—水塔

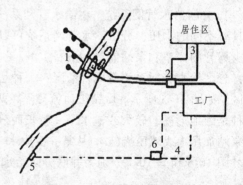

图 10-9　分质给水管网系统

1—管井群；2—泵站；3—生活用水管网；
4—生产用水管网；5—取水构筑物；
6—生产用水处理构筑物

③ 不同输水方式管网系统。

根据水源和供水区域地势的实际情况，可采用不同的输水方式向用户输水。

a. 重力输水管网系统。当水源地高于给水区，并且高差可以保证以经济的造价输送所需要的用水量时，清水池中的水可以依靠自身的重力，经重力输水管进入管网并供用户使用。这种输水管网系统无动力消耗，且管理方便，是运行较为经济的输水管网系统，如图 10-10 所示。

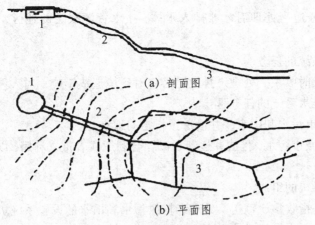

图 10-10　重力输水管网系统

1—清水池；2—输水管；3—配水管网

　　b. 水泵加压输水管网系统。若水源地没有可以充分利用的地形优势，则清水池中的水须由泵站加压送出，经输水管进入管网供用户使用，甚至要通过多级加压将水送至更远或更高处的用户使用。地形复杂的地区且又是长距离输配水时，往往需要采用重力和水泵加压相结合的输水方式。压力给水管网系统需要消耗大量的动力。

10.3.2　市政排水管道系统

1. 市政排水管道工程概述

（1）污水的分类。

根据来源的不同，污水可分为生活污水、工业废水和降水。

生活污水主要是指居民在日常生活中排出的废水，主要来自住宅、学校、医院、公共建筑和工业企业的生活间等部分，主要包括粪便水、洗浴水、洗涤水和冲洗水。生活污水以有机物污染为主，可生化性好，但随着饮食结构的改变尤其是治病的新药层出不穷，部分排泄物与生活污水混为一体使污水结构趋于复杂并使处理的难度增加。这类污水受污染程度比较严重，是废水处理的重点对象。

工业污水是工业生产过程排放的废水，由工业生产车间与厂矿排出的绝大部分工业废水是用于冷却、洗涤及地面冲洗，因此，里面会含有工业生产所用的原料、产品、副产品和中间产物。工业废水的排放具有排放量大、方式多、范围广等特点，且一些工业废水中含有很高浓度的污染物质，甚至还有大量有毒有害物质，必须给予严格的处理。工业废水和生活污水合称为城市污水，简称为污水。

降水即大气降水，包括液态降水（如雨、露）和固态降水（雪、冰雹等）。前者通常主要是降雨，后者主要是融化水。这类水一般径流量大而急，若不及时扫除，往往会积水成灾，阻塞交通，淹没房屋，甚至是山洪灾害等，造成生命伤害和财产损失。雨水较为清洁，但初降的雨水却挟带大量污染物质。因此，流经制革厂、炼油厂和化工厂等存在污染源的地区的雨水应经适当处理后才能排入水体。在水资源缺乏的地区，降水应尽可能被收集和利用。

（2）市政排水系统的任务。

污水如果不能及时收集、处理、排放，必将对环境造成影响，对人体健康造成危害，甚至形成灾害。市政排水系统的任务是：

① 及时收集城市污水和雨水，并输送至指定的地点。

② 合理地处理城市污水，排放并逐渐加以综合利用或者重复利用，以实现水资源的可持续利用。

（3）市政排水系统的组成。

城市排水系统是指收集、输送、处理和排放污水和雨水的设施系统。通常由排水管道系统、污水处理系统及污水排放系统组成，如图10-11所示。

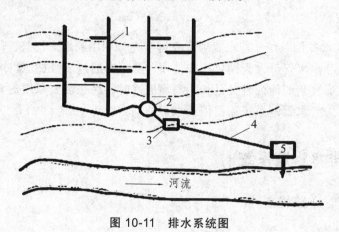

图 10-11 排水系统图

1—排水管道；2—水量调节池；3—提升泵站；4—输水管道；5—污水处理厂

排水管道系统的作用是收集、输送污水，由管（渠）及其附属构筑物、泵站等设施组成。

污水处理系统的作用是将管（渠）系统中收集的污水处理达标后排放至水体或加以综合利用，由各种处理构筑物组成。污水处理系统主要设置在污水厂内，包括各种采用物理、化学、生物等方法的水质净化设备和构筑物。污水排放系统包括废水受纳体（如自然水体、土壤等）和最终处置设施，如出水口、稀释扩散设施、隔离设施等。

（4）排水体制。

排水体制主要是解决市政污水采用一个管渠系统还是采用两个或两个以上独立的管渠系统排除的问题。它是指污水收集、排除、处理及排放的方式。排水体制即排水方式，它分为两种基本形式：合流制和分流制。

① 合流制。

合流制是指用一套管渠系统收集和输送城市污水和雨水的排水方式，即降雨时，排水管道系统中存在着城市污水和雨水合流的混合污水。根据污水汇集后处置方式的不同，可把合流制分为三种情况。

a. 直泄式合流制。如图10-12所示，管道系统的布置就近排向水体，管道中混合的污水

208

未经处理就直接排入水体，我国许多老城市的旧城区大多采用这种排水体制。但随着城市和工业的日益发展，污水量不断增加且污染物质日趋复杂，造成的污染将日益严重。因此这种方式在新建城区和工业区已经不允许采用。

b. 截流式合流制。如图 10-13 所示，在沿排水区域的低边敷设一条截流干管，同时在截流干管和合流干管交汇处的适当位置设置溢流井，并在下游设置污水处理厂，污水经处理后排放水体。非降水时，管道中只输送生活污水或工业废水，并将其在污水处理厂经处理后再排放。降水初期，生活污水或工业废水和初降雨水被输送到污水处理厂经处理后排放，随着降雨量的不断增大，生活污水、工业废水和雨水的混合液也在不断增加，当该混合液的流量超过截流干管的截流能力后，多余的混合液就经溢流井溢流排放。为了减轻溢流排放的混合污水对水体的污染，可以在溢流井附近建造储蓄池，将雨天时溢流的污水储存，待非雨时再将储存的污水送至污水处理厂进行处理。

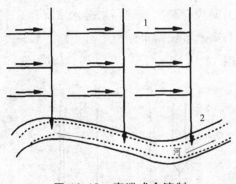

图 10-12　直泄式合流制
1—合流支管；2—合流干管

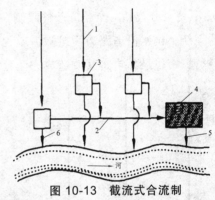

图 10-13　截流式合流制
1—合流干管；2—截流主干管；3—溢流井；
4—污水处理厂；5—出水口；6—溢流出水口

c. 完全合流制。完全合流制是将城市污水和雨水全部合流于一套管渠系统内，且全部送往污水处理厂进行处理后再排放。运用这种排水体制，污水处理厂的设计负荷大，要容纳降雨的全部径流量，且水量和水质在干旱时与降雨时变化很大，不利于污水的生物处理；同时，处理构筑物过大，平时也很难全部发挥作用，造成很大程度的浪费。此种体制可以在干旱少雨的地区采用，如图 10-14 所示。

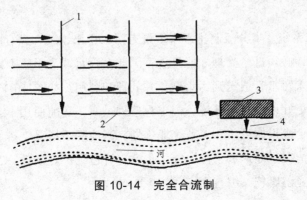

图 10-14　完全合流制

1—合流支管；2—合流干管；3—污水处理厂；4—出水口

② 分流制。

分流制是指用不同管渠分别收集和输送各种城市污水和雨水的排水方式。排除生活污水和工业废水的管渠系统称为污水排水系统；排除雨水的管渠系统称为雨水排水系统。根据排除雨水方式的不用，分流制分为三种情况。

a. 完全分流制。完全分流制是将城市的生活污水和工业废水用一套管道系统排除，而雨水用另一套管道系统来排除。图 10-15 所示为完全分流制排水方式。完全分流制中有一套完整的污水管道系统和一套完整的雨水管道系统，这样可以将城市的生活污水和工业废水送至污水厂进行处理，克服了完全合流制的缺点，且减少了污水管道的管径。但完全分流制的管道总长度过长，施工难度较大且雨水管道只有在降水地面发生径流时才能发挥作用，因此完全分流制初期投资大、造价高。

b. 不完全分流制。受经济条件限制，在城市中只建设一套完整的污水排水系统，不建雨水排水系统，雨水沿道路边沟排除，或为了补充原有渠道系统输水能力不足只建一部分雨水管道，待城市发展后再将其改造成完全分流制，如图 10-16 所示。

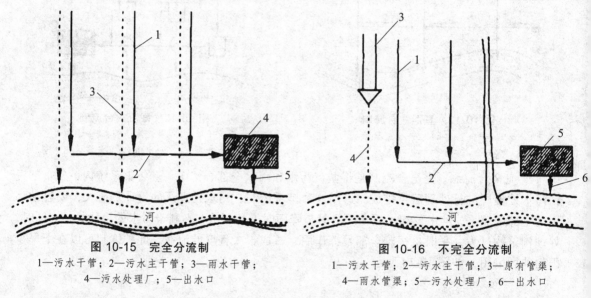

图 10-15　完全分流制
1—污水干管；2—污水主干管；3—雨水干管；
4—污水处理厂；5—出水口

图 10-16　不完全分流制
1—污水干管；2—污水主干管；3—原有管渠；
4—雨水管渠；5—污水处理厂；6—出水口

c. 半分流制排水系统。半分流制排水系统既有污水排水系统，又有雨水排水系统。由于初降雨污染较为严重，必须进行处理才能排放，因此在雨水截流干管上设置溢流井或雨水跳越井，把初降雨水引入污水管道送到污水厂，并处理和利用。如图 10-17 所示，运用这种体制的排水系统，可以更好地保护水环境，但工程造价过高，目前使用不多。

排水体制的选择，应根据城市和工业企业规划、当地降雨情况、排放标准、原有排水设施、污水处理和利用情况、地形和水体、施工条件、管道维护等条件，在满足环境保护要求的前提下，通过技术经济比较，综合而定。

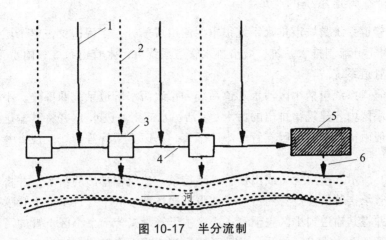

图 10-17　半分流制

1—污水干管；2—雨水干管；3—截流井；4—截流干管；
5—污水处理厂；6—出水口

（5）区域排水系统。

将两个或两个以上城镇地区的污水统一排出和处理的系统，称为区域排水系统。区域是按照地理位置、自然资源和社会经济发展情况而定的，这种规划可以在一个更大范围内统筹安排经济、社会和环境发展的关系。区域规划有利于对污水的所有污染源进行全面规划和综合整治及水污染防治，有利于建立区域或流域性排水系统。

区域排水系统的组成如图 10-18 所示，包括区域干管、主干管、泵站、污水厂等。全区有 6 座已建和新建的城镇，在已建的城镇中分别建造了污水厂，按照区域排水系统的规划，废除了原建的各城镇（A 城、B 城、D 城）的污水厂，用一个区域污水处理厂处理全区域排出的污水，并根据需要设置了泵站。

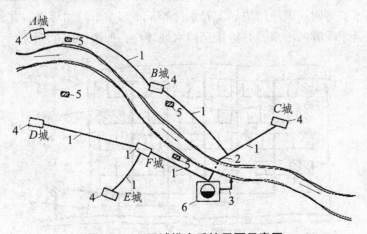

图 10-18　区域排水系统平面示意图

1—污水主干管；2—压力管道；3—排放管；4—泵站；
5—废除的城镇污水处理厂；6—区域污水处理厂

2. 城市排水管道系统的组成

城市排水管道系统是城市排水系统很重要的组成部分，工程造价占整个城市排水系统的 70%~80%。对于分流制排水系统，城市排水管道系统由污水管道系统和雨水管道系统组成。

（1）污水管道系统。

城市污水管道系统包括小区污水管道系统和市政污水管道系统两部分。小区污水管道系统主要是收集小区内各建筑物排出的污水（生活污水或工业废水），并将其输送到市政污水管道系统中，一般由接户管、小区支管、小区干管、小区主干管等管线及检查井、泵站等附属设施构成。

如图 10-19 所示。接户管（或出户管）承接某一建筑物排出的污水，并将其输送到小区支管；小区支管承接若干接户管的污水，并将其输送到小区干管；小区干管承接若干个小区支管的污水，并将其输送到小区主干管；小区主干管承接若干个小区干管的污水，并将其输送到市政污水管道系统或小区的污水处理系统后排放或再次使用。

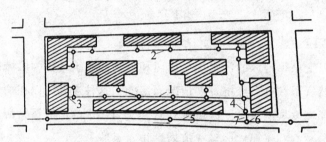

图 10-19　小区污水管道平面示意图

1—小区污水管道；2—小区污水检查井；3—出户管；4—小区污水控制检查井；
5—市政污水管道；6—市政污水检查井；7—连接管

市政污水管道系统主要承接城市内各小区的污水，并将其输送到污水处理系统，经处理后再排放或再次使用。市政污水管道系统一般由支管、干管、主干管等管线及检查井、泵站、出水口、事故出水口等附属设施组成。支管承接若干小区主干管的污水，并将其输送到干管中；主干管承接若干干管的污水，并输送至污水处理厂，如图 10-20 所示。

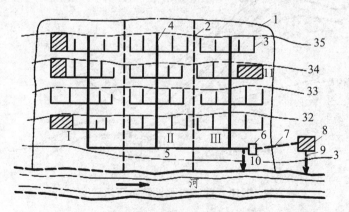

图 10-20　某城市污水管道排水系统总平面示意图

Ⅰ、Ⅱ、Ⅲ排水区域；1—城市边界；2—排水流域分界线；3—支管；4—干管；5—主干管；6—总泵站；
7—压力管道；8—城市污水厂；9—出水口；10—事故出水口

（2）雨水管道系统。

降落在屋面上的雨水由檐沟或天沟、雨水斗收集，通过落水管输送到地面，与降落在地面上的雨水一起形成地表径流，然后通过雨水口收集流进小区的雨水管道系统，经过小区的雨水管道系统流进市政雨水管道系统，然后通过出水口排出。因此雨水管道系统包括小区雨水管道系统和市政雨水管道系统两部分，如图10-21所示。

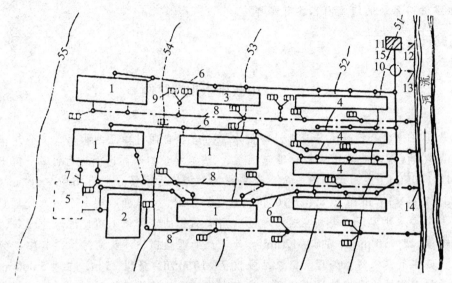

图 10-21　小区雨水及污水管道系统平面示意图

1—生产车间；2—办公室；3—值班宿舍；4—职工宿舍；5—废水利用车间；6—生产与生活污水管；
7—特殊污染生产污水管道；8—生产废水与雨水管道；9—雨水口；10—污水泵站；11—废水泵站；
12—出水口；13—事故出水口；14—雨水出水口；15—压力管道

小区雨水管道系统是收集、输送小区地表径流的管道及其附属建筑物，包括雨水口、小区雨水支管、小区雨水干管、雨水检查井。

市政雨水管道系统是收集小区和城市道路路面上的地表径流的管道及其附属构筑物，包括雨水支管、雨水干管以及雨水口、检查井、雨水泵站、出水口等附属设施。

雨水支管承接若干小区雨水干管中的雨水和所在道路的地表径流，并将其输送到雨水干管；雨水干管承接若干雨水支管中的雨水和所在道路的地表径流，并将其就近排放。对于合流制排水系统，其排水管道系统由雨水口、雨水支管、混合污水支管、混合污水干管、混合污水主干管、污水检查井等组成，包括小区合流管道系统和市政合流管道系统两部分。雨水经雨水口收集，由雨水支管进入合流管道，与污水混合后一同经市政合流支管、合流干管、截流主干管进入污水处理厂，或通过溢流井溢流排放。

思 考 题

1. 市政工程包括哪几部分？
2. 我国公路和城市道路是如何分类的？各划分为哪些等级？
3. 公路的主要组成部分有哪些？各级公路主要技术指标如何？

4. 市政管道工程由哪几部分组成？分别在城市中起什么作用？

5. 什么是给水系统？它由哪几部分组成？

6. 市政给水管道工程系统由哪些部分组成？其任务是什么？

7. 市政排水工程的任务是什么？它由哪些内容组成？

8. 什么是排水系统的体制？常见的排水体制有哪几种形式？各有什么优缺点？

9. 排水管道系统的组成内容各有哪些？

课后阅读

一、市政排水规划案例

深圳盐田区排水系统采用分流制，即雨水、污水各自通过独立的排水系统分流排放。

污水量根据《深圳市城市规划标准与准则》，按给水量的不同比例进行计算，盐田区污水量为 1.541×10^9 t/d。盐田坳、沙头角、大梅沙、小梅沙污水量分别为 6.96×10^4 m³/d、5.67×10^4 m³/d、1.94×10^4 m³/d 和 8.40×10^4 m³/d。规划盐田、沙头角合建一个污水处理厂，大小梅沙各建一个污水处理厂。规划在盐田和沙头角交界处的填海地上建设污水处理厂，沙盐污水处理厂规模 12×10^4 m³/d，占地 12 hm²。处理厂处理盐田、沙头角污水，其中，盐田污水经过污水提升泵后送入污水处理厂，泵站规模 7×10^4 m³/d，扬程 25 m，占地 5 000 m²。污水处理达标后排入海域。大梅沙污水处理厂设在大梅沙西部，规模约 2×10^4 m³，占地 3 hm²。小梅沙现有污水 5 000 m³/d 的处理厂通过扩建，规模达到 82 000 m³/d，占地 1.5 hm²，污水处理达标后排入海域。由于大小梅沙有较大面积的海滨浴场，对水质要求较高，故污水处理厂应严格管理，规划近期污水处理厂采用二级处理，远期可采用深度处理。

雨水经雨水管道汇集后就近排入水体或排洪渠中，最终向南排入海域。盐田区洪水设防标准采用 100 年一遇，防潮标准采用 200 年一遇，考虑遭遇洪、潮情况，道路最低设计高程为 3.7 m。为保证排洪，规划新建多条排洪渠，并要求对区内排水系统积极整治，形成系统，以确保排水顺畅。

二、绿道案例：新加坡榜鹅滨水步道

榜鹅位于新加坡东北部，是新加坡政府规划中最新的"滨水而立"的滨水市镇。榜鹅滨水步道则位于大片城市景观之中，游客置身于此，可以感受时空交错、诗情画意般的美景。逝去的时光在景观之中重现，而现实又在这一怀想过去的过程中被赋予了新的含义。人们在这里可完全沉浸于个人空间之中，与自然和谐共生。

从榜鹅海滩向远处望去，水天一线，周围高耸的城市建筑瞬时渺小了。黑色的栏杆彰显出了一丝庄严肃穆，以呼应与之毗邻的第二次世界大战遗址的色调。这段历史或许已化为碎片且鲜为人知，但景观设计中对于遗址的敬重将指引人们，缅怀历史。游客通过观景台或许可以观察到如今榜鹅海滩周围的水域泊满了油轮，但这里曾经却是伤痕累累的战场。

在这条长约 4.9 km 的滨水步道上，多种材质的混搭使得这里宛若调色板一般多彩，更是像极了旧时的榜鹅——田园般的"Kampong（小村庄）"错落有致，随处可见农庄与种植园。

深色的透水性极强的鹅卵石、生锈的钢材以及红土等都在讲述着这个现实而远离乡土的现代化都市的故事。设计师摒弃了步道中常用的木板，而改用混凝土材质，被风化出纹理的玻璃纤维钢筋混凝土质的板材则贯穿了整个步道。

看似木材走道，实为混凝土材料，4.9 km新加坡榜鹅滨水步道突破材料限制，将美观与实用合为一体的创意设计，获得了由芝加哥文艺协会的建筑与设计博物馆（The Chicago Athenaeum: Museum of Architecture and Design）和欧洲建筑艺术与城市研究中心（European Centre for Architecture Art Design and Urban Studies）联合颁发的"国际建筑大奖"。

三、揭秘不为人知的青岛"地下"往事：排水系统德国制造

每年汛期雨水频袭时，很多人就会想到青岛，青岛拥有令其他城市羡慕的排水系统——100多年前德国人建造的下水道采用"雨污分流"，在100多年后的今天，依旧发挥余热。德国"租借"青岛99年，初来乍到的德国人经历了青岛第一个雨季，由于饮用了污染的水源，大量德国官兵生病死亡。德国殖民者提出按百年标准对地下管网进行设计和施工。1898年7月至8月，初来乍到的德国规划者经历了青岛第一个雨季，雨量非常大，原本相对平整的土地被湍急的水流冲得沟壑纵横，当地的建筑也遭到很大破坏。这使德国规划者意识到，如果将来不想与经常发生的水患作斗争，在城建时，就必须特别注意雨水排泄问题。同时，进入雨季后，大量污水混合着雨水渗入水井，污染了饮用水源，导致肠炎和伤寒在水土不服的德国人中流行，大量德国官兵因此病死。出于公共卫生安全的考虑，德国人开始集中力量进行下水道的规划。在修建雨水管道和污水管道的同时，又修建了地上明沟与地下暗渠，城市排水系统逐步完善。从1898年10月起，德国殖民者在青岛征购土地，设立欧人居住区，在主要街道下铺设了3 200 m下水管道，均为雨水管道。1901年开始规划污水管道，1906年污水下水道基本建成，到1909年，欧人区的房屋几乎全部接通了污水下水道。为了完善城市的排水系统，德国人在铺设排水管道的同时，还充分利用青岛三面环海、东高西低的丘陵地形，依自然坡度在前海一带建设明沟暗渠，主要设有龙口路、安徽路、中山路、贵州路等12条大的暗渠。1900年，在天津路、北京路、济南路等道路两侧修筑雨水明沟；1905年，为避免雨水冲刷道路，在大鲍岛东部部分街道上修筑了2 600 m明沟，沟底及两侧均用沟石予以加固，以便更好地导流雨水。通过地上明沟与地下暗渠建设相结合，城市排水系统逐步建立完善。青岛是中国最早实现下水道"雨污分流"的城市，污水分区排泄，排水口远离主城区。青岛的排污系统分为分流式和混合式两种。分流式下水道是指雨水和污水分别排入不同管道：粪便和生活污水从一个管道流出，经过处理后流入近海；雨水则从另一个管道流出，由于雨水管内杂质少，可直接抽水放流，欧人居住区和前海一带基本铺设的是这种分流式管道。当时德国人在青岛施行华洋分居而治，华人区和欧人区之间由一道分水岭自然隔开，因此，华人区的地表水不会流经欧人区，导致污染和疾病。建设之初，雨水下水道的尺寸是根据青岛雨季最大降水量确定的，高达2 m，在大雨滂沱时，具有明显的优越性：1911年9月，台风北上华北，带来大量降雨，上海、天津"街道成河、广场成海"，而青岛则安然无恙。污水处理要比雨水处理复杂得多，污水处理设施也是下水道系统设计的精华所在。在污水下水管道的

规划中，总督府提出要在已建有密集房屋的欧人区、大鲍岛华人区和德国兵营，装设能冲刷粪便的下水道系统。污水处理采用当时最先进的技术，实行分区排泄。全市依地势分为四个集水区域，各区水道中的污水进入四个集水总道，顺着地势，往偏僻海域流去。为了确保青岛前海海水、海滩不受污染，德国人对排污口位置精心选择，最终在团岛最西端，紧靠胶州湾入口的海峡处选定了排污口，该地不仅水深，而且强烈的潮汐海流能迅速把沉淀物冲走。德国人又设立污水泵站，用电力发动机驱动污水加速流动，避免淤积。同为租界的上海直到1923 至 1927 年才实现了雨污分流。

地下管网建设显示了德国在东亚的"国家形象"，至今青岛仍延续雨污分流，保持可持续发展。德国人对青岛的建设是煞费苦心且目光长远的。在德国人看来，青岛地下管网建设不是单纯的市政建设，而是事关德国在东亚的"国家形象"。德国迫切希望把青岛建成东亚的一个"模范殖民地"，彰显自身能力，与英、法竞争，这在客观上对青岛形成现代化的城市公共设施发挥了重大作用。就目前而言，德国人修建的排水管道只占今天青岛市南区的一小部分，大量的排水系统主要还是新中国成立后修建的，延续的依然是雨污分流理念，能做到对 95%以上的污水进行全收集和全处理，保证了青岛城市环境的可持续发展。

四、法国巴黎地下的排水系统

法国巴黎，这座被赋予浪漫气息以及现代气息的城市，游人们常常喜欢撑一把油纸伞，漫步在雨中，或悠然自得地欣赏着城市雨景，或享受宁静之美。那么，如此美丽迷人的城市，它的地下排水系统又是怎样的呢？

人们都知道，巴黎经常下雨，出门也都习惯带伞，然而在巴黎的雨天里行走时，却很少发生由于下雨积水导致的交通堵塞。这些，与巴黎著名的下水道系统是分不开的。巴黎下水道系统虽然修建于 19 世纪中期，但历经 100 多年的传承和完善，目前总长达 2 347 km，远远超出了它的地铁系统规模。巴黎城市排水标准是"五年一遇"，也就是每小时可排 180 mm降水的雨量。它的设计和管理也极为周到。城区下水道均建于地面以下 50 m，纵横交错，密如蛛网；管道设计采用多功能设计理念，中间是宽约 3 m 的排水道，两旁是宽约 1 m、供检修人员通行的便道。如此宽大的排水系统，不仅有利于快速排水，而且有利于电力、通信设施线路的布局。具体来说，基于对地面雨水流量的充分估计，巴黎城区主干道的井盖孔密且直径大；住宅区内的下水道入口设计成簸箕状，进水口也较大。城区总数达 2.6 万个下水道盖、6 000 多个地下蓄水池均统一编号，由 1 300 多名专业人员负责维护。凭借发达的排水系统，巴黎可以从容应对大到暴雨。

此外，巴黎的城市排水法律保障体系也相当完善，专门制定了《城市防洪法》，内容涉及城市内涝预防、规划以及政府责任等与城市防洪相关的各个方面。由于设计合理，整洁美观且规模宏大，巴黎的水道系统已经成为代表性的景观。下水道博物馆已成为巴黎又一著名的旅游项目。由于每一条下水道都用与其相应的地上街道名称命名。因此，无论是游客，还是维修人员，都不会迷路。正因为它优秀的排水条件，才有了这座迷人的城市。也许，中国的各大城市，也该借鉴一下这种排水因素的优势所在，从而改造一下各大城市的地下排水道，而不是等水灾过后再想着怎样去弥补。

参考文献

[1] 李伟. 建筑材料[M]. 北京：清华大学出版社，2013.

[2] 交通运输部公路局，中交第一公路勘察设计研究院有限公司. JTGB01—2014 公路工程技术标准[S]. 北京：人民交通出版社，2015.

[3] 崔京浩. 伟大的土木工程[M]. 北京：中国水利水电出版社，2006.

[4] 焦宝祥. 土木工程材料[M]. 北京：高等教育出版社，2009.

[5] 陈忠达. 路基路面工程[M]. 北京：人民交通出版社，2009.

[6] 丁大钧，蒋永生. 土木工程概论[M]. 北京：中国建筑工业出版社，2005.

[7] 胡昊. 给排水工程运行与管理[M]. 北京：水利水电出版社，2014.

[8] 北京建工培训中心. 给排水及建筑设备安装工程[M]. 北京：中国建筑工业出版社，2012.

[9] 侠名. 给排水科学与工程概论[M]. 2 版. 北京：中国建筑工业出版社，2010.

[10] 中交第一公路勘察设计研究院. JTG D20—2006 公路路线设计规范[S]. 北京：人民交通出版社，2006.

[11] 王云江. 市政工程概论[M]. 北京：中国建筑工业出版社，2007.

[12] 白建国，等. 市政管道工程施工[M]. 北京：中国建筑工业出版社，2007.

[13] 樊琳娟，等. 市政工程概论[M]. 北京：人民交通出版社，2010.

[14] 叶志明，江见鲸. 土木工程概论[M]. 北京：高等教育出版社，2005.

[15] 中交公路规范设计院有限公司. JTG D60—2015 公路桥涵设计通用规范[S]. 北京：人民交通出版社，2015.

[16] 丁春静. 建筑材料与构造[M]. 南京：东南大学出版社，2008.

[17] 李崇智，周文娟. 建筑材料[M]. 北京：清华大学出版社，2014.

[18] 阎石，李兵. 土木工程概论[M]. 北京：中国电力出版社，2015.

[19] 张秀华. 历史与实践：工程生存论引论[M]. 北京：北京出版社，2011：9.

[20] 陈昌曙. 重视工程、工程技术与工程家//刘则渊，王续琨. 工程·技术·哲学：中国技术哲学研究年鉴：2002 年卷[M]. 大连：大连理工大学出版社，2002.

[21] 李伯聪. 略谈科学技术工程三元论[J]. 工程哲学，2015.

[22] 李国强，陈以一. 构建大土木专业平台课程体系[J]. 高等建筑教育，2003.

[23] 郝彤，关罡，刘立新. 土木工程专业人才市场需求与人才定位、培养模式研究[J]. 兰州理工大学学报，2009，10（35）：53-55.

[24] 张静晓，朱元祥，张艳，等. 土木工程管理专业核心竞争力提升途径研究[J]. 高等建

筑教育，2010，19（6）：18-23.

[25] 李彤梅，李远富，彭雄志．土建类专业复合型人才培养方案和课程体系改革的研究与实践[J]．兰州理工大学学报，2009，10（35）：15-17.

[26] 王旭．土木类工程管理专业创新人才培养系统的构建[J]．高等学校土木工程专业建设的研究与实践，2009：104-108.

[27] 彭大文，丁文胜，孙雨明．应用型本科院校土木工程专业特色建设的思考[J]．高等建筑教育，2008，17（4）．

[28] 李继明，蔡小玲．基于职业核心能力培养的建筑工程技术专业课程体系构建与实践[J]．高等建筑教育，2014（5）：13-18.

[29] 姚昱晨．市政道路工程[M]．北京：中国建筑工业出版社，2012.

[30] 杨岚．市政工程基础[M]．北京：化学工业出版社，2009.

[31] 黄敬文，马建锋．城市给排水工程[M]．郑州：黄河水利出版社，2008.

[32] 张自杰．排水工程[M]．北京：中国建筑工业出版社，2015.

[33] 李圭白．给排水科学与工程概论[M]．2版．北京：中国建筑工业出版社，2010.

[34] 程文义．建筑给排水工程技术[M]．北京：中国电力出版社，2014.

[35] 陈送财．建筑给排水[M]．北京：机械工业出版社，2005.

[36] 边喜龙．给排水工程施工技术[M]．北京：中国建筑工业出版社，2015.

[37] 胡世琴．给水处理与运行[M]．北京：中国建筑工业出版社，2016.

[38] 重庆大学，同济大学，哈尔滨工业大学．土木工程施工[M]．北京：中国建筑工业出版社，2008.

[39] 赵学荣．土木工程施工[M]．苏州：江苏科学技术出版社，2013.

[40] 李亚东．桥梁工程[M]．成都：西南交通大学出版社，2001.

[41] 范立础．桥梁工程[M]．北京：人民交通出版社，2002.

[42] 邵旭东．桥梁工程[M]．武汉：武汉理工大学出版社，2002.

[43] 白宝玉．桥梁工程[M]．北京：高等教育出版社，2005.

[44] 罗福午，等．建筑结构概念体系与估算[M]．北京：清华大学出版社，2010.

[45] 李毅，等．土木工程概论[M]．武汉：华中科技大学出版社，2008.

[46] 崔京浩，等．精编土木工程概论[M]．北京：中国水利水电出版社，2015.

[47] 李钰，等．土木工程概论[M]．北京：中国建筑工业出版社，2015.

[48] 刘瑛，等．土木工程概论[M]．北京：化学工业出版社，2005

[49] 徐礼华，等．土木工程概论[M]．武汉：武汉大学出版社，2005.